創造

生物多様性を守るためのアピール

The Creation
An Appeal to Save Life on Earth
E.O. Wilson

エドワード・O.ウィルソン
岸 由二 訳

紀伊國屋書店

創造

生物多様性を
守るためのアピール

The Creation
An Appeal to Save Life on Earth
E.O. Wilson

エドワード・O.ウィルソン
岸 由二 訳

Edward O. Wilson
The Creation: An Appeal to Save Life on Earth

創造

生物多様性を守るためのアピール——Contents

第五部 連携する

＊で記した箇所には、著者による注と参考文献を巻末に付す。
訳者による注は、文中［　］内と各章末に付す。

日本の読者のために　訳者より

タイトルを見て本書を手にされた方の中には、どんな内容の本なのか、迷っている方がおられるかもしれません。『創造（the Creation）』というからには宗教論ではないか。生物学の話題が多いので、進化論と創造論のもう一冊の論争書なのか。そんな仮説が浮かぶかもしれません。大きく見ればいずれもあたらずといえども遠からずなのですが、フォーカスを合わせて言えば、実はかなり違うのです。読者諸賢に、そのあたりを冒頭から明確に理解していただくことが、本書に収められた知識やメッセージを活かすために、とても重要だと思われます。以下、訳者としてのアドバイスを記させていただきます。

著者E・O・ウィルソンは、ハーバード大学教授（現在は名誉教授）として、アリ学の世界的権威であると同時に、生態学、社会生物学、さらに生物多様性論（＝自然保護論）の領域で国際的にリーダーシップを発揮してきた、戦略的かつ実践的な研究者です。本書は、その碩学が、多数が創造説や来世を信じ、進化論を忌避《きひ》するといわれるアメリカの一般国民にむけ、渾身の想いをこめて書き上げた自然保護の実践的基礎論なのです。その著作に、ウィルソンは、『創造（the Creation）』という宗教的なタイトルを付けたのでした。

本書におけるウィルソンの主たる関心は、創造説をめぐる論議ではなく、自然保護を有効に推進する社会的な勢力の形成という一点に集約されています。危機にある地球の運命を大きく左右できる社会勢力は誰か。それは、愛と科学をもって、あるいは冷静かつ合理的な利害計算をもって生物多様性に対処する非宗教的な勢力と、神による創造を信じるキリスト教的な宗教世界に暮らしつつ、神に創造された自然の世話（スチュワードシップ）を信徒の務めと了解する宗教者たち、とウィルソンは見極めています。そのうえで、自然保護のための両者の大連合を提案しているのです。

大連合に進むため、両者はともに生物多様性の危機の現状や未来に通じなければなりません（本書の前半で詳述されます）。生物多様性への愛や理解を育まない教育や研究は刷新されていかなければなりません（本書の後半で詳述されます）。地球の保全ではなく、その大破滅の後にこそ神による人類最期の裁きと救済があると信じて、生物多様性破壊の現状を放置する傾向のある宗教者たちには、考えを改めてもらわなければなりません（通奏低音として本書の各所に登場するアピールです）。

そんな状況判断の中で、宗教的な文化の中にある市民たちを対象とするその説明と説得のステージにおいて、危機にある生きた地球の現状をどんな言葉で対象化するか。本書のウィルソンは、非宗教的なナチュラリストや研究者が日常的に使用する“biodiversity”（生物多様性）という科学の言葉を選ばず、あえて“the Creation”という創世記を髣髴《ほうふつ》とさせる言葉を採用したのでした。神によって創造されたいのちの世界（＝ the Creation）そのものが、いま人間の手で破壊されているというビジョンをもって、現代アメリカにおいて多数をしめる、創世神話を信ずるキリスト教系市民たちに、「神の創造した生きものたちの賑わいとともにこの地球で平和に暮らし続けるという未来を望むのか、それら一切の破壊を不可避として、選ばれた者だけが天において神と平和に暮らすという信仰の物語を望むのか」という選択を迫るのです。

信仰の中にある市民の代表として仮想の対話の相手に指定されたのは、ウィルソンと同郷と設定されている南部バプティスト派の牧師（パストール）です。仮想のパストールへの、生物多様性の現在・未来にわたる危機の説明と、連携への説得の長い手紙という形式で、本書の記述は展開されていきます。その説明、説得の叙述を通じ、ナチュラリストの間では通常“biodiversity”（生物多様性）とでも表現される領域は、しばしば“the Creation”と表わされ、人為の撹乱をまぬがれた自然生態系は“Nature”と名指されているのです。

以上のような事情を、邦訳に反映させるのに工夫が必要だったことを、冒頭でお知らせしておく必要がありました。“the Creation”をいつも「創造」と訳すのでは、ウィルソンによる上記の設定が伝わりません。ウィルソンが、“the Creation”という言葉でパストールの眼前に提供しようとしている危機の世界は、神の創造行為そのものというより、人の暮らすべき世界として創造されたとする、生きものの賑わいに満ちた大地・海・空の広がりとしての地球の姿そのものだからです。以下の邦訳では、日本語に訳された「創造」という言葉のなかにそのイメージを盛り込むことは無理だと判断し、タイトルなどごく一部の例外をのぞき、"the Creation"に対応する日本語訳は、基本的には「創造されたいのちある地球」、あるいは類似の表現とさせていただきました。関連して大文字ではじまる"Nature"は、「本来の自然」等の訳をあてるように努めています。

以上、非キリスト教文化圏である日本の一般読者にとって、おそらくかなり分かりにくいはずの原著におけるウィルソンの構えについて、誤解少なく邦訳を通読していただくためのポイントを説明できていれば幸いです。折々に意識していただきつつ、あとは本書を、味わい、吟味し、読み進んでいただければと思います。

実はもう一つ、さらに大きな難題があるのですが、ここでは詳細に触れません。キーワードとして原書に何度か登場する、"ascending to Nature"という、恐らく英語国民にも理解困難なはずのウィルソン独自の表現あるいはビジョンです。これについては三一ページに簡単な訳注を入れましたが、以下の本文では、「自然の位に上ること」、「自然への遡及」等と訳出してあるとだけお断りして、論議はあとがき(訳者解説)で展開したいと思います。以上、本書を日本語訳で読むための、冒頭のガイドとさせていただきました。

訳者　岸由二

第一部

創造されしいのちある自然

包囲下の自然界を一生物学者と巡る旅への御招待
そして御支援のお願い

I The Creation

A Call for help and an invitation to visit the embattled natural world in the company of a biologist.

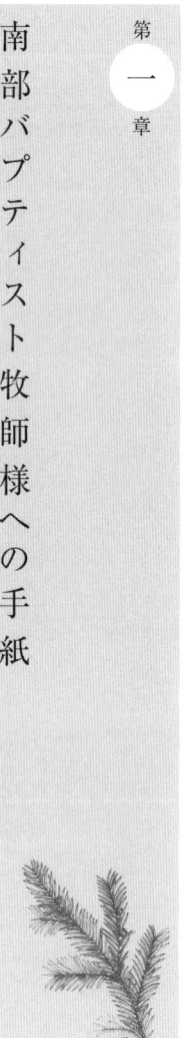

第一章 南部バプティスト牧師様への手紙

ご挨拶

親愛なるパストール［訳注1］

お目にかかったことはありませんが、私は、貴方を友人と呼んでいいほどよく知っているような気がしています。私は貴方と同じ信仰世界で育ちました。少年時代、貴方と同じく祭壇からの呼びかけに答え、全浸礼［訳注2］を受けました。いまは信仰を離れましたが、お目にかかり、心の最も深い信条を個人的に語りあう時間があれば、会話は好意と互いへの敬意のうちに進むと確信しています。私たちは、道徳的振るまいにおいて多くを共有していることでしょう。互いにアメリカ人であるのはもちろん重要です。加えて、礼儀やマナーに、ともに南部人であることが表れてしまうことでしょう。

貴方のご助言とご支援を期待して、手紙を書いています。そうするからといって、互いの世界観の根本的な相違を無視できるなどと考えてはおりません。貴方は、キリスト教の聖書の逐語的な解釈者であられます。貴方は、人間が下位の生物から進化したとする科学の結論を拒否されます。貴方は、人の魂は不滅であり、この惑星は次なる永遠の生命への通過点であると信じておられます。キリストにおいてあがなわれるものは必ずや救済されると信じておられます。

一方の私は世俗的ヒューマニストの一人です。存在とは、我々が創り出すものと私は考えます。死後の世界の保証はなく、天国も地獄もこの星の上で私たち自身が作り出すものと考えます。人間性は、この星の上で、数百万年の進化をとおし、下位の生物から起源してきたものです。もちろん祖先はサルに似た動物と率直に申しあげます。ヒトという種は、肉体的にも知的にも、他のどこかではなく、地球上での暮らしに適応してきたものです。倫理は神の意思に由来すると考える向きもありますが、それは、理性、法律、名誉、そして生まれつきの礼儀の感覚に基づいて、我々が共有する行動の規範なのであると、私は考えます。

貴方にとって隠れた神の栄光と見えるものは、私にとっては宇宙自体が開示する栄光。貴方においても、人類救済のために「イエス・キリストとして」肉体化された神への信仰は、私にとっては自由な存在となるためにヒトが手に入れたプロメテウスの火［訳注3］への信頼です。貴方は最後の真実を発見しておられます。私はなお探求の途上です。私が間違っているのかもしれません。あなたが間違っているかもしれません。私たちは、いずれも、部分的に正しいということなのかもしれません。

世界観におけるこのような相違は、すべての問題について私たちを分断するのでしょうか。そんなことはありません。貴方も、私も、他の誰しもが、安全、選択の自由、個人の尊厳を守るため、そして個人を超える大きなものへの信のために、奮闘しているのです。

であるなら、私たちの共有する現実世界を扱うために、お互いの形而上学の近い領域で出会えないものか、試してみるというのは如何でしょうか。このような提案をいたしますのは、私が深く憂慮する巨大な問題の解決の助けになるお力を、貴方が持っておられるからです。貴方も私と同じ憂慮をされていたら幸い。地上に創造されたいのちある世界を救うために、互いの相違を脇におくことができないか。それが私の提案です。生きた自然を防衛することは、普遍的な価値です。それはいかなる宗教、あるいはイデオロギー的なドグマに発するものでもなく、またそれらを促すものでもありません。それは、いっさい分け隔てなく、すべての人間の利益にかなうことでしょう。

パストール、私たちには貴方の支援が必要です。地上に創造されたもの（the Creation）、つまり「いのちある自然」が、いま深刻なトラブルの中にあります。生息地の撹乱や転用をはじめとする人間の破壊的な活動が現在の速度で続けば、今世紀末には、地上の動植物の半分が絶滅するか、あるいは近未来における絶滅を回避できない運命にさらされると、科学者たちは推定しています。気候変動の効果だけに限定しても、むこう五〇年の間に、動植物の四分の一が、このレベルの危機にさらされると予想されます。最も控えめに計算された推定値で考えても、現状における絶滅率は、人類登場以前の時代に比べて一〇〇倍高い値です。今後数十年のうちに、この値は、少なくとも一〇〇〇倍かあるいはそれ以上に増大すると予測されています。これに歯止めがかからなければ、富、環境安全保障、暮らしの質の領域において、人類へのコストは破局的な規模になるでしょう。

いずれの種も、現時点でどれほど目立たずつましいものと我々に見えようとも、生物世界の傑作であり、保全されるにたる存在であると、私たちは合意できると思います。どの種も、遺伝特性のユニークな組み合わせを備え、環境中の特別な場所に自らを適合させているのです。種の絶滅を阻止する行動を速《すみ》やかに起こし、もって地球生態系、すなわち創造物の世界の貧弱化を押しとどめるのが、賢明というものでありましょう。

「しかし、なぜ私が相手なのか」と、貴方はいぶかしく思われるかもしれません。アメリカ合衆国を含む今日の世界において、宗教と科学は、最も大きな二つの勢力だからです。生物保全という共通の領域において宗教と科学の連携が実現すれば、保全の課題は速やかに解決されることでしょう。どんな信条を持つ人々にも共有される道徳の指針があるとすれば、それは、我々自身と未来の世代のために、美しく、豊かで、健康な環境に、責任を持つべしということです。

世界の人々の多数を精神的に代表する多くの宗教指導者たちが、神の創造の世界の保全という課題に躊躇《ちゅうちょ》を示してきたことが私には不思議でなりません。それは神によって命じられた教会の使命の重要な一部であるはずです。宗教指導者たちは、人間中心の倫理と来世への準備だけが重要な課題と信じているのでしょうか。さらに困惑させられるのは、キリスト教徒の中に、キリストの再来は間近であり、地球の現状にさしたる重要性はないとする確信が広がっていることです。二〇〇四年度のある世論調査によれば、アメリカ人の六〇％が、新約聖書の中のヨハネ黙示録の予言は正しいと信じています。これらの人々の多数、数百、数千万の人々は、いま現在生きている人々の時代に世の終わりが訪れると考えています。そのとき、イエスは地上に再来し、キリスト教の信仰によって救われた人々はその肉体のまま天国に移送され、取り残されたものたちは苦難のときを過ごし、死しては永遠の責め苦を受けるというのです。責めを受けるものたちは、過去における罪人たちと同様、想像を絶する時間にわたって、地獄に留まり続けます。それは、宇宙が誕生し、膨張し、エントロピー的な死を迎えるよりも、同様のたくさんの宇宙が生まれ、膨張し、同じように死に果てる時間よりも長い時間。誕生から死に至る宇宙の時間も、罪あるものたちが地獄で苦しむであろう時間のほんの入り口程度の時間でしかない。そのすべては、地上に住まう無限小の時間における宗教選択の間違いに起因するというのです。

このような形式においてキリスト教を信ずる人々にとっては、一千万を越す他の生命体の運命など取るに足らないものに違いありません。この種の教義は、希望や共感の福音ではなく、残酷と絶望の告知というべきでしょう。それらは本来のキリスト教の魂から生まれ出るものではありえません。パストール、私の意見は間違っているでしょうか。

貴方のお返事がどのようであれ、私はここで、別の倫理を提案したいと思います。二一世紀最大の課題は、人間以外の生命を可能な限り保全しつつ、地上のあらゆる地域の人々の暮らしを、節度ある一定の水準に引き上げることです。この倫理には、科学から以下のような主張を提供することができます。すなわち、生命圏について知れば知るほど、その姿はさらに複雑にして美しいものと見えてくる。生命圏に関する知識は魔法の泉です。汲み上げれば汲み上げるほど、汲み上げるべきものが増えていくのです。地球は、そして特にその表面を包む、かみそりの刃のように薄い生命の膜［生命圏］こそ、私たちのすみ場所であり、泉であり、私たちの肉体と、さらには魂を支えるものなのです。

科学と環境保全の主張は、多くの人々の心の中で、進化、ダーウィン、世俗主義と結び付けられていることを私は知っています。しかし、ここではこの問題の解明は後回しにさせていただき（この問題にはあとで触れます）、もう一度、強調させていただきたい。地球の美しさと、そこに棲む生きものたちのおびただしい多様性を守ることは、形而上学的な信条のいかんにかかわらず、私たちの共通の目標とされるべきです。

聖書と関連させてこの問題を理解しやすくするために、聖職者への訓練を受けたばかりで、道徳に関するあらゆる疑問を聖書の記述と関連させずにはいられないほど深くキリスト教を信仰している一人の若者の話をさせていただきたいと思います。ブラジル大西洋岸の、教会の様に荘厳な雨林を訪れた彼は、そこに神の創造の御手を感じ、手帳に次のように書き留めました。

心を満たし、高揚させる驚異と、賞賛と、没頭のこの感情の高まりを、適切な言葉で表現するのは不可能だ。

その若者の名前はチャールズ・ダーウィン。ビーグル号の航海初期の一八三二年、まだ進化論などまったく思慮の外だったころのことです。

そして以下もまたダーウィンです。キリスト教の教義を離れて知的な自由を獲得し、自然淘汰に基づく進化の理論を定式化して、一八五九年に発表した『種の起源』〔岩波文庫他〕を締めくくくる、ダーウィンの言葉です。

生命とは、まずは幾つかの、あるいは唯一つの存在に、諸力を伴いつつ吹き込まれたものでありながら、重力の法則に沿ってこの惑星が回転を遂げるうちに、かくも単純な形態からこのうえなく美しく驚異に満ちた無数の形態を生み出し、また生み出しつつあるのだとする見方には、まことに壮大なものがある。

生命に対するダーウィンの畏敬の念は、彼の精神生活を二分させた［創造説から進化論への］自然理解の地割れを超えて、変わることがありませんでした。それは、今日、科学的なヒューマニズムと主流の宗教を分かつ区分、つまり貴方と私を分かつ区分に関しても、同じなのではないでしょうか。

貴方は、被造物の保全にかかわる神学的、道徳的な論議に長けておられます。私は、キリスト教諸会派の間で、地球の自然を保全していこうという運動が台頭していることに励まされております。この考え方は、福音派からユニテリアン派［訳注4］に至るさまざまな教派に台頭していいます。いまはまだ小川のような流れですが、明日は、大きな流れに変貌していくことでしょう。以前より私は、被造物（the Creation）の保護をめぐる宗教的な議論のかなりを承知しておりますが、なお、さらに学びたいと思っています。そして以下では、耳を傾けてくださる宗教者の皆様に、被造物すなわち、いのちある自然の保護をめぐる科学的な論議を披瀝《ひれき》したいと思うのです。生命の起源について私の語るすべての内容に皆様が同意されることはないでしょう。宗教と科学はそのような形で容易に合流するものではありません。しかし、生死を分かつこの問題において、私たちは目標を共有できると、私は考えたいのです。

訳注1▼パストール（pastor）牧師
訳注2▼全浸礼　バプティスト派特有の、全身を水に沈める洗礼儀式。バプティスト派は、アメリカ南部に最も多く広がる、プロテスタント系の保守派団体。アラバマ出身のウィルソンも幼少期には洗礼を受け、バプティスト教会に通っていた。
訳注3▼プロメテウスの火　ギリシャ神話。ゼウスは、人間を作るようプロメテウスに命じたが、火を与えてはいけないと禁じた。人間が火を使えるようになれば、神同様の強力な存在になってしまうからという理由であったが、プロメテウスは人間に火を与えてしまう。火を使えるようになった人間は技術と文明を築きあげていくが、プロメテウスはゼウスの怒りをかい、永遠に（不死のため）はげ鷹に内臓をついばまれ続けるという刑に処される。
訳注4▼福音派（Evangelical）はプロテスタントの一派。ユニテリアン派（Uniterianism）とは、キリスト教の三位一体説（父と子と聖霊）を否定し、またイエス・キリストを指導者としては認めるが、その神性は否定するというプロテスタント系の宗派。

第二章 自然の位に上ること［訳注1］

人間は、その歴史的な過去において、何らかの理由によって道を見失ってしまいました。少なくともこの点に関して、私たちは意見を同じくするものと考えます。キリスト教の司祭であられる貴方は、もちろんそのとおり、人間はエデンの園を離れてしまったのだとお答えになるでしょう。私たちの祖先は大きな過ちを犯し、その結果として私どもは、原罪を負って暮らしている。私たちは、動物より高く天使よりも低い存在として、神への信仰をとおしてよりよき世界への上昇を待ち望みつつ、天国と地獄の間をさまよっているということですね。

では、そのエデンの一部は、人間が登場する以前の生命世界であったと考えるのはいかがでしょうか。文字どおり解釈するにせよ、比喩として理解するにせよ、創世記はこの見方を支持しているように思われます。科学もまた、そのような始原の世界が実在し、それが人類の揺籃《ようらん》となったと結論しているのです。しかし、生物学が何か重大なことを学んだとするなら、それは、聖書の逐語的な解釈とは異なり、人という種は、神の火によって突如この世に登場したものではないということでしょう。我々人間は、生物学的に豊かな世界の中で、数万世代を経て進化してきた存在です。人はエデンの園から追放されたというのでもありません。そうではなくて、より良い暮らしのため、より多くの仲間を生み出すために、私たち自身がエデンの園を破壊してきたのです。世界人口がさらに数十億の規模で拡大すれば、被造物の世界は危機に瀕することでしょう。以下、人類のこのジレンマを、説明させていただきたいと存じます。

考古学の証拠によれば、私たちは約一万年前、文明の始まりとともに、大自然からさまよいでました。その飛躍は、私たちを生み出した自然という世界から自由になれるという幻想を私たちに与えました。これはまた、環境と文化の変化に合わせて、人の精神は新しい何者かに変わりうるのだという信念を育てることとなり、自然と人の歴史のタイムテーブルは、食い違っていくこととなりました。今日の視点で、一段高い知性の高みから我々を見るものがあれば、〈見よ、われらの宇宙に、新参のまことに奇妙な種が闖入《ちんにゅう》してきたものだ。これは、石器時代の情念と、中世の自己イメージと、神にも似た技術を組み合わせたキメラ。この組み合わせのおかげで、この種は、その長期的な生存に最も重要な諸力に、対処することができなくなっている〉と言うことでしょう。

自然界の貴重な残存領域が消失しているこの状況のもとで、聡明なはずの人間たちが無反応のままでいるということを説明するのに、これ以上の方式はないと私は思っています。野生の自然、あるいはエデンが無料で提供してくれている生態学的なさまざまなサービスは、ドルで換算すれば世界総生産に匹敵する額であることに、我々人間はまったく思い至っていないようです。環境が滅びるとき文明もまた滅びるのだという歴史の原則にも、気づく気配がありません。最も厄介なことは、偉大な宗教世界を含む我々の指導者たちが、生命世界の急速な崩壊の真っ只中にいながら、その保護のために、ほとんど何の行動もしないということでしょう。アブラハム一族の神は、創世の四日目に、「海には無数の生きものたちが満ちよ、地の上の天に至る全空には、鳥たちの飛翔あれ」と告げたのですが、その命令を、彼らはずっと無視し続けてまいりました。

美しい主題の紹介を、非難の言葉で始めるのは気がひけます。しかし、自然環境への人間のインパクトが加速中であり、驚くべき光景が展開していることを否定する者は、ほとんどいないことでしょう。

私たちはどうすればよいのか。最低限必要なのは、共通の正直な歴史を描くこと、異なる多数の信仰の人々が原則的に同意できる共通の歴史をまとめてみることです。うまくいけば、それはより安全な未来への、序章を飾るものになるでしょう。

我々は、緑の歴史の、決定的な発見から始めることができるでしょう。文明は大自然を裏切ることによって調達されたという発見です。農業と村落の発明を内容とする新石器革命は、大自然の恵みを糧として成立しました。その飛躍は人間への祝福。事実そのとおりでした。狩猟採集民として暮らした者は、その暮らしに何ら羨《うらや》むべきものはないと、語るでしょう。しかし、新石器革命は、ほんの少数の栽培作物と家畜があれば、人間は無限に増殖していくことができるのだという誤解を促してしまいました。大自然は無限であり、探検者やパイオニアたちにとっての敵と思われていました。ここ数世紀に至るまで、地球の動物相、植物相の貧弱化は受容可能な程度のものでした。大自然に包まれていた野生や原生の暮らしをする人々は、我々が忘却することがなければ、進歩とそしてもちろん神の名によって追いやられ、置き換えられてきたのです。

歴史はいま、その時代とは別の教訓を告げています。ただし聞く耳を持つ者だけに、です。栽培植物や家畜以外の生命は、人間の肉体的満足とは関係のない無価値なものという考えがあるかもしれないのですが、大自然の破壊は危険な選択です。たとえば私たちは、いまやたった四種類のイネ科の種子、すなわち、小麦、米、トウモロコシ、アワを食物とする生物種として特殊化を遂げてしまいました。これらの植物種が、病気や気候変動によって崩壊すれば、我々もまた滅びることになるでしょう。しかし、実は五万種あまりの野生植物が、食物として利用可能な資源を構成しているのです。この問題について、もし徹底的に実務的であろうとするのなら、これらを含む野生種の生存を認めることは、長期投資のメニューの一部と考えられるべきでしょう。最も手ごわい反対派も、自然の保全は地球の自然の経済を管理運営するための単純明快な慎重さの表れと理解するようになることでしょう。しかしそのように考えはじめる者すら、まだほとんどいないのが現実です。

その一方で、コンピューターに基礎をおく情報技術の大きな飛躍に象徴される現代の技術・科学革命は、人類の満足のためには、都市とその郊外の物質生活を包むさなぎのような世界があれば人間の必要には十分答えられるという信仰を育てることを通して、再度大自然に背を向ける結果を生んでいます。これは、何にもまして深刻な誤解です。人間の本性は、現存するすべての文化の作り出すあらゆる人工的な作為より、深く、そして広いものです。ホモ・サピエンスの精神は、心的な発達の領域におけるまだほとんど解明されていない諸回路を通して、自然界の奥深くまで根を拡げています。我々を、いわく言いがたく人間となす審美的・宗教的な資質の起源、そしてそれゆえにそれらの意味を理解できなければ、我々の潜在的な可能性の全体にせまることはできないでしょう。

人工的な生態系の中だけの暮らしに満足する人々も多いことは事実でしょう。これは、飼育動物たちも同じこと。飼育用のグロテスクに不自然な生息環境のもとで満足しています。私の気持ちをいえば、これは倒錯です。手の込んだ飼育場の牛となることは、人間の本性にかなうものではないでしょう。誰しもが、人を生み出した複雑で原生的な自然の世界を難なく旅することができてしかるべきです。私たちには、誰の所有地でもなくすべての人々によって保護される大地、私たちの太古の祖先たちの世界を境界付けていたのと同じ地平を変わらず維持しているような大地を、縦横に行く自由が必要です。人類誕生のころの人の心理を作り上げた驚異の感覚は、エデンの遺産ともいうべき、人の都合とは独立した、生きものたちの賑わいに満ちた世界の中でこそ、体験することが可能なものです。

人間的でかつ適切に教育される科学的な知識は、我々の暮らしに永続的なバランスをもたらす鍵です。生物学者たちが、生命圏の豊穣についてより多くを学ぶほど、生物圏のイメージはより豊かで感動あるものになります。同様に、心理学者たちが人の心の発達についてより多くを学べば学ぶほど、自然の世界が私たちの精神と、魂に及ぼしている重力のような普遍的な力をさらによく理解することになるでしょう。

この星との平和な暮らしを実現するために、そして人類相互の平和な暮らしを実現していくために、私たちはまだ長い時間を必要としています。私たちは、新石器革命を発動したおりに、道を誤りました。そのときから人間は、大自然の位置に上る(ascend to Nature)のではなく、自然の位置から離れ、上昇すること(ascend from Nature)を目指してきました[訳注1]。しかし、自然遺産が与えてくれる深く満ち足りた恩恵を享受するために、これまでに手に入れた暮らしの質を失うことなく方向転換を果たすことは、まだ可能です。宗教の包容力、そして教導者たちの寛大さと想像力の豊かさは、聖書に十分に記されることのなかったこの大きな真実を理解する偉大さを、必ずや発揮してくださることでしょう。

ジレンマの一部は、世界のほとんどの人々が自然環境のことを心配していながら、なぜ心配するのか、なぜ自然環境に責任を感じなければいけないのか、理解していないということです。これまでのところ、自然の管理責任(stewardship of Nature)ということが、一人一人にとってどういう意味を持つのか、明確に説明することができずにきたのです。

この混乱は、現代社会にとって、そして将来の世代にとって大きな問題です。それはもう一つの難題である、全世界における科学教育の不十分さという課題にもリンクしています。いずれの課題も、部分的には、現代生物学の爆発的な成長とその複雑さに由来しています。最も優秀な科学者たちでさえ、二一世紀への最も重要な科学の展開について、ほんの一部の領域以上に精通することは困難になってきているのです。

環境に関する無知・無理解、科学教育の不十分さ、生物学の知識の困惑するほどの拡大という三つの難題すべてを解決するための道は、「それらを組みなおして一つの問題にしてしまうこと」であると、私は考えています。その統合された課題の芯となるべき領域について、教育を受けた市民は誰しも何がしかを学び、知っているべきであるという意見にきっとご賛同いただけると、期待しています。生きた大自然は科学の核心への大道を開いてきたのだということ、そして我々の生命も精神も、生きた自然の存続に辛うじて支えられていくのだと認識することは、教師にとっても学生にとっても有益なことと思われます。そして以下の原理を理解し、共通の基盤として論議を進めることです。

〈我々もその一部であるがゆえに、被造物〔訳注2〕の世界の運命は、人類の運命である〉

訳注1▼"ascending to Heaven（昇天）"に対して、"ascending to Nature（自然の位に上ること）"こそ人類の希望とウィルソンはあえて対置している。

訳注2▼"the Creation"を本書では、生物多様性、本来的な生きた自然、いのちある自然等の表現と同義で使用している。

第三章

本来のいのちある自然とは何か

いのちある本来の自然の深さ、複雑さは、なお人間の想像力を凌駕《りょうが》しているという意見に、パストールは同意して下さるでしょうか。神が人智を超えるのであれば、生命圏のほとんどの領域もまた人智を超えているはずです。私たちを囲むいのちある自然について、私たちの理解がいかにわずかなものか、生物学者たちは絶えず強調し続けてきました。栽培植物や家畜は生命の多様性のほんの一部の変異に過ぎません。生命過程に関する最先端のシミュレーションも、なお現実の生命プロセスを説明するには至りません。最も低次のレベルにおいてすら、我々はなお人工生命を作れずにいるのです。自然界には、なお新たな世界と、無限の発見が我々を待っています。神秘の中の神秘、人間生命の意味に回答を与えることもまた、その領域の中にあるのです。

しかし、そもそも、いのちある本来の自然（Nature）とは何なのでしょう（＊1）。ここでは可能な限り最も単純な回答がベストです。ここにいう本来の自然とは、人類によるインパクトを受けて、なお、部分的に残されている原初の環境と生きものたちのことです。生きる自然とは、この地球上にあって、人類を頼ることなく、自らそこに存在しうるもののことです。

このような定義は、いかに洗練させても、ほとんど役に立たないと主張する批判派もいます。自然界はすでに大きく撹乱されて、ありとあらゆる場所において人間の影響下にあり、原初的なアイデンティティーを喪失しているというのです。そのような主張に一理あることは確かでしょう。地上には、探険家にも、現地に住まう人々にも、かつて一度も踏み込まれたことのないような土地は、ほんの数平方キロメートルといえども、存在しえないことでしょう。

一九五五年、私は、北西ニューギニアのサラワジ山中央部の頂上に登った最初の非パプア人となりました（他に試みたものはほとんどいなかったはずです。私はまだ若くて自らを不屈と感じていました）。前人未到の山中、雲霧林《うんむりん》の中を、アリやカエルの新種を発見しながら難儀をかさねて登り続け、頂上の石積みの中に、私の登頂記録の入ったビンを収納できたのは、誇らしいことでした。しかし、その場所まで私は現地の猟師たちに案内してもらいました。森林限界上部に広がった、株立ちする草本類の原野に多産する小太りした小さなカンガルー、高山性のワラビーを追って、彼らはしばしばその地域に入っているのです。彼らとその数千年にわたる先行者たちは、いったい何度その場所を訪ねたのか。その山頂に至るのにいったいどの森の道をたどったのか。不思議に思ったものです。深く豊かな歴史を背負って、実はたくさんの人々がその山頂を訪ねていたのです。

産業の排出する膨大な種類の汚染物質が、後退しつつある極地の雪や海洋の果てまで絶えず漂流しているということもまた事実です。多くは農地を創出するため、あるいは古い農地を蘇生させるためという理由で、地表の五%に相当する面積が毎年焼かれています。こうした活動は、他の諸活動とともに、温暖化ガスをさらに大気に追加することとなり、地球という惑星全体の気候の不安定化をもたらすまでになっています。

地球の人工化にはさらに多くの回路があります。体重一〇キロを越す種類で構成される動物群をメガファウナと呼ぶのですが、地上性のメガファウナのほとんどは、すでに狩猟によって絶滅しています。現代の森や草原の野生動物たちの姿は、巨大な哺乳類や鳥類が徘徊した、かつての様相とはまったく異なるものです。過去の巨大動物たちは、石器時代の腕の良いハンターたちによって絶滅に追いやられてしまいました。今日まで生き延びた一部の巨大動物たちの多くは、絶滅危惧リストに記載されています。二万年前のアメリカの草原の野生動物の世界は、現代のアフリカより豊かだったのです。

これまで人類は、その相応の力の範囲で、この惑星に大きな変更をもたらしてきたのです。

にもかかわらず、大自然のかなりの部分が生き延びてきました。最も純度の高い状態にある自然は、原生自然（Wilderness）といっておかしくありません。ごく大まかに言えば、メガファウナレベルの野生動物が十全に暮らしていけるスケールの原生自然域は、大規模かつほとんど撹乱のない連続的な生息域の集合体であると定義できるでしょう。最近の研究の中でコンサベーション・インターナショナル（CI）は、その規模について、一万平方キロメートル（一〇〇万ヘクタール）あるいはそれ以上の広がりを持ち、かつ領域の七〇％以上が自然植生に覆われていることと特定しています。この規模の領域には、アマゾン川流域、コンゴ川流域、そしてニューギニア島のほとんどを覆う大規模熱帯林が該当します。さらに、北米からシベリアを経て、フィンランド・スカンジナビアに広がる針葉樹林帯もこれに含まれます。これらとはまったく異なりますが、地球の最大規模の砂漠領域や、極地、外洋、大洋の深海底域も、同様に原生自然域といってよいものです（対照的に、デルタ地帯や沿岸域は、すでにほとんどが撹乱を受けています）。

これらより規模の小さい原生自然域は多数現存しています。一九六四年に制定された原生自然地域法［ウィルダネス法］で、「人間による干渉を受けることなく、そこにおいて人間は滞在者ではなく訪問者であるような」地球上の諸地域と公式に規定されている領域です。この歴史的な法令のおかげで、九一〇万エーカー［約三・七万平方キロメートル］の土地が、「未来世代による使用と享受を損なわない限りの方式においてアメリカ人の使用と享受に」供されるべき領域として確保されました。五〇〇〇エーカー［約二〇平方キロメートル］規模の小地域に至るまで保護の対象とするその法律によって、モンタナのグレート・ベアー原生自然地区や、メイン州のアラガシュ原生自然水路などのかけがえのない土地や、水域が護られました。

〈人の干渉を受けない〉とは、原生自然の真髄をとてもよく捕らえた言葉です。しかし実際の適用にあたっては取りあげられるスケールが重要です。郊外の森は、哺乳類、鳥類、樹木にとってすでに原生自然でないことは自明でしょう。ただしそれは、小型の生物にとっては〈ミクロの原生自然地域〉かもしれません。昆虫、ダニ、その他概ね体長一〇ミリメートル未満の節足動物たちなら、そこで自由な暮らしが可能でしょう。彼らの局所的な生活空間は、人の

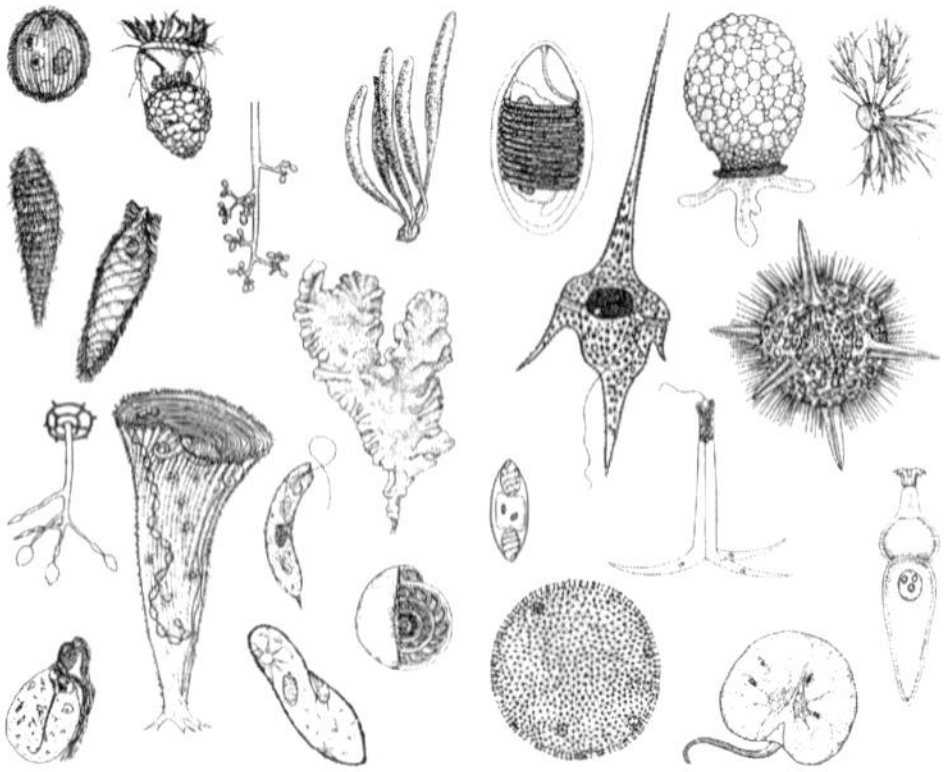

顕微鏡レベルのミクロな原生自然域の住人たち
藻類、原生動物、菌類のスケッチ

手足や道具による撹乱を受けないからです。ミクロな原生自然域が、野生の自然域の決して小さな部分でないことは幸いです。いや、現実は逆かもしれません。一立方メートルの土壌とそこに含まれる腐植は、数百の種にわたる数十万の小生物が群がり暮らす小世界です。それらの小生物と一緒に、さらに多数かつ多様な微生物たちが暮らしています。一グラムの土壌は、一〇〇億のバクテリアを含み、種数は六〇〇〇にも達します。

顕微鏡レベルならびに辛うじて目視しうる規模の生物たちの暮らしのすべては、地下では最大サイズの動物グループに属する人間には容易に無視されてしまう空間の中で繰り広げられているのです。人の目にはうごめく点にしかみえないササラダニにとって、朽木の幹はマンハッタン。一個の細菌からみれば、それはニューヨーク州に相当する領域です。数分で通過できてしまう人間の、マクロなスケールの感覚でいえば、小さな森は多大な撹乱をこうむっているのかもしれません。ごみだらけかもしれない。二次的な森かもしれません。しかし木々の根本には、小さな生物たちの、昔からあまり変わるところのない世界が広がっています。木々の間に広がる土壌と落葉落枝の領域は彼らの大陸、森の脇の春の水溜りは大海です。

近年私は、ボストン・ハーバー・アイランド国立公園地域（*2）に興味を持っているのですが、ミクロの原生自然域というものの見方は、これを促した大きな理由の一つでした。一六〇〇年代の半ば以来、ボストン港はずっと大規模使用に提供されてきました。と同時に、そのほとんどの時代を通じて、大規模な下水処理場の役割も果たしてきたのです。一九八五年、ボストン湾の水はアメリカの全港湾のなかで最も汚染度が高いとされていました。その領域に点在する三四の汚れた小島については、最も近い島々はボートを漕いで一時間の距離にあるというのに、ニューイングランド最大の都市ボストンにとっては、ほとんど無価値とされていました。しかし一九九〇年に入り、広域ボストン地域からの排水が新しいろ過システムによって浄化されるようになって、状況は変わりました。そのころになると、港の島群のレクリエーション地としての価値は自明のものとなり、科学や教育における重要性も増したのでした。

今日、その島群は、ボストン・ハーバー・アイランド国立公園として再生され、滞在者、訪問者のメッカとなっています。ボストン港の水域は生きた自然の回復力を証明しています。海底には貝類が戻りました。大型魚も戻り、ストライプドバス［別名ストライパー、縞鱸《しますずき》］やブルーフィッシュがドックまでやってきます。少数ながらアザラシやイルカも戻りました。湾外の島群の水域ではセミクジラも目撃されたことがあります。豊富になった餌生物に誘われたのでしょう。

私のこれまでの研究生活のかなりの部分は島嶼《とうしょ》の生物研究にあてられてきました。また世界の遠隔地に出向くことも多くありました。だからこそ私は、足元にひろがる自然の研究室、自然の教室ともいうべきボストン湾領域、郊外を含めれば七〇〇万人の住民の暮らしを支えるその地域の今後の展開に強い魅力を感じたのだと思います。何よりすばらしいのは、ここには、都市の子どもたちをテレビやコンピューターゲームから引き離し、生きた自然に触れる教育的な冒険に取り組ませることのできる環境、科学への手触りある入門を可能とする環境がありました。ついでながら、とはいえとても重要なことでもあるのですが、それは、すぐ脇で展開されているマサチューセッツ工科大学（MIT）やハーバード大学の威圧的なハイテク教育を跳ね返す魅力も持っていたのでした。第一級の科学は、白衣と板書からスタートしなければならないということはない。それが私の伝えたいことです。

ボストン湾に対する私の関心には、個人的な理由もあることを白状しておかないといけません。私の曽祖父ウィリアム・C・ウィルソンは、仲間からブラック・ビルと呼ばれた［南北戦争一八六一－六五年における］南軍の封鎖突破船の水先案内人でした。一八六三年、彼はモビール湾の湾口を航行中に拿捕《だほ》され、その後、ボストン湾のジョージズ島にあるフォート・ウォーレンの監獄に収容されていたのです。二〇〇四年の爽快な秋の朝、私は曽祖父の入っていた独房棟を訪ね、一八六五年の食事の記録から、彼が南部連合国の副大統領であったアレクサンダー・スティーブンスを捕囚仲間として、戦後の少なくともしばらくの間、大変元気に過ごしていたことを知ることができました。フォート・ウォーレンに収監されたときの曽祖父は、すでに二度にわたって北軍の獄舎で過酷な状況に耐えた経験をもち、健康状態は良くありませんでした。

連邦法の規定では、ブラック・ビルは一般犯罪者の扱いでした。敵海軍の将校ではなく、キューバからの補給物資をモビール港まで船で搬入するために技術を提供する、民間の水先案内人の一人だったのです。フォート・ウォーレンは、連合軍の戦争遂行努力にとって特段に大きな脅威となると陸軍大臣スタントンがみなした海軍将校と、封鎖突破船の水先案内人という二種のカテゴリーを収監するための、監視の最も厳しい収容所だったのです。ブラック・ビルは、不服従を理由に、フォート・ウォーレンに一年長く収監されました（一族の言い伝えでは守衛に唾を吐いたためということになっています）。曽祖父ウィリアムは一八七二年に亡くなりました。初期の収監時に罹患した不明の病によるものでした。

ブラック・ビルと私は、思いもかけない場所で出会うことになりました。一方は偶然そこに収監された戦争犯罪人、他方は昆虫を研究しようとそこにでかけた昆虫学者。彼がその遺伝情報の八分の一を伝えた私です。フォート・ウォーレンにたどり着いた私にとって、それは本当に数奇なことでありました。

ボストン・ハーバー・アイランズがナチュラリストたちを惹きつけるのは、その地域が国際性の高い植物相、動物相を擁《よう》しているのが一因でしょう。三〇〇年以上にわたって海外からの大量な海運にさらされてきたため、多数の外来の植物、昆虫、その他の無脊椎動物が、概ねヨーロッパから侵入し、定着してきました。大雑把にいうと、最近の調査で確認された五二一種の植物のうちの二二九種、比率でいうと四四％が外来植物です。一部周辺の内陸部に定着したのちに進出したものを含めて、これらの密航者たちは、いまや在来種と混在し、複雑な植物群落を形成するにいたっています。大型の野生動物（野生動物と普通に呼ばれるような）も生息しています。ほとんどは海鳥と陸域の渡り鳥たちです。種類数が多いため、ニューイングランドの周辺やさらに遠方から熱心な野鳥観察家たちが集まってきます。

微生物、菌類、そして小型の無脊椎動物を加えると、この小さな島嶼群は、まったく新しい意味を持つことになります。そこまで視野を広げると、その島嶼群は、まだ探検されていないミクロの原生自然の一大世界と見えてきます。携帯用の顕微鏡があれば（比較的廉価かつ容易に入手できるようになりました）、ミクロあるいはそれに近い微小生物たちの探検を始めることができるでしょう。そこまでをカバーすることによって、生物多様性の調査は本当に総合的なものとなります。このような科学の探検を、楽しく、また教育と結び付いたものとすることによって、新しい形の市民の研究組織が根付いていくことでしょう。

ポストモダンの哲学者の中には、真実は個々人の世界観にのみ依存する相対的なものであり、大自然というような客観的な実在はないと主張する人々がいます。彼らは、自然という区分はある種の文化に発生した誤った二分法に基づくものであり、他の文化には存在しないものであると主張しています。私はそのような考え方を面白いとも感じますが、それも数分のこと。これまで私は、自然の生態系と人間の干渉を受けた生態系の非常に鮮明な境界を何度も横切ってきた経験をしており、生きた本来の大自然（Nature）の客観性を疑うことはできません。

ボストンの環境の説明に限る必要もないでしょう。長年にわたり、私は何度もフロリダキーズを訪ね、人生において最もドラマチックな体験をしてきました。ここに記すことで、その体験を共有していただけるかもしれません。まずは、両側に店のならぶ国道一号線を一路ロウワー・キーズへ向かう旅から始まります。ただし商店の立ち並ぶこの道筋は、フロリダ南端部の真実の姿、古い歴史と時間を越えた精神を湛える居住地というのではありません。それに出会うには、グレートホワイトヘロン国立野生保護区の端にある貸しボート店で車を降りなければいけません。一四フィート［約四メートル］のボートを借りてメキシコ湾の方向に漕ぎ出して、海岸沿いに広がるアメリカヒルギの小島の間にくねくねと伸びる水路に入っていきます。高めの干潟のある小島の岸辺にボートを停め、島の外縁の木々の張る支柱根を乗り越えると、そこに広がるのが、フロリダの原生林なのです。木材としての経済価値がほとんどないため、森は伐採されたことがなく、また立地となっている泥干潟は開発のしようもありません。絡み合い、もつれ合って伸びるその森は、陸と海の生きものたちの揺籃《ようらん》です。そこに広がる緑の植生と樹木の枯れ枝は、膨大な数の昆虫や、他の小さな野生生物たちで賑わっています。周縁の根を洗う浅瀬は、驚くほど多彩な魚類、エビなどの甲殻類、イソギンチャク、そしてあまり馴染みのない微小な野生生物の集団を支えています。この地域に広がる人工的な生態系は、森と東側の地域を繋ぐ商店の立ち並ぶ街路と、観光客の過半の訪問地となっている地域だけであり、いずれもまだ八〇年未満の歴史しかありません。当地のマングローブ林は、それと気づかない訪問者たちが外周を行き来する生息地として、今日ある姿とほぼ同じ姿で、今日まで数百万年にわたってメキシコ湾の一角を占めていたのです。

　人間たちがフロリダキーズを放棄することがあれば、人間の影響を受けた土地は、数十年のうちに、現存する原生の島々と区別のできない泥干潟とマングローブの島々に復帰することでしょう。

　本来的な自然（Nature）と非本来的な自然（non-Nature）を区別するにはハードデータが必要というのであれば、熱帯雨林を考えるのがよいでしょう。その面積は、アメリカ合衆国の地続きの四八州を合わせた面積にほぼ等しい大きさ、地球全地表の六％ほどに過ぎないのですが、そこは陸上生物の多様性の中心拠点であり、現時点で知られている動植物種の半数以上の種を擁《よう》しているのです。そこには、熱帯雨林で研究するすべてのナチュラリストたちが知り、また語る通則があります。いま視野の中にいる動物あるいは植物種に、あなたは同じ日にもう一度会うことはないし、翌週、あるいは翌年も会えない可能性があるという通則です。それどころか、どんなに長くかつ熱心に探しても、二度と会うことはないかもしれないのです。熱帯雨林は、そのような希少で発見の難しい生きものたちの、膨大な数にのぼる種の生息地となっているのです。どうしてそんな状況が生じるのかは、長きにわたって謎のままでありました。それは、いまようやく熱心な科学研究の対象となりはじめています。

熱帯雨林と、伐開・開発されて非雨林型の生息地となった周辺地の間には、驚くほどの相違があります。昆虫学者たちは、ブラジル西部のロンドニア州ジャリのほんの数平方キロの地域において、一六〇〇種もの蝶を記録しました。しかし、伐採と焼畑によって雨林から草地に転換されてしまった同サイズの近隣地域では、おそらく五〇ほどの種（正確な数ではありません。同様な地域での観察からの推定です）と、周囲の断片化した森林から別の断片化した森林を目指して草地にさまよい出てしまう不確定数の種しか見つからないだろうと思われます。哺乳類、鳥、カエル、クモ、甲虫、菌類、さらにおびただしい樹種とその樹冠に暮らす無数の生きものたちについても、まったく同様に大きな差異が見られるはずです。

本来的な自然（Nature）と非本来的な自然（not-Nature）との転移は、他の多くの場所ではこれほど劇的なものでないことは私も承知しています。人の影響を受ける現実の世界は、いまだ一〇〇万年の歴史をとどめるような原生の生息地から市街地の駐車場に至るありとあらゆる極限的な、そして中間的な生息地の万華鏡のような状態になっています。その惑星規模の万華鏡の全体が、人為化と、単純化と、不安定化に向かっています。

しかしちょっと待ちましょう。微生物の野生世界を忘れてはいけません。自然はしぶといものです。単純さの極みにある駐車場でさえ、コンクリート舗装の割れ目から伸びだす雑草がありますし、縁石を抱え込むイネ科の野草があります。券売所の隣には、かすかに色づいた藍藻類《らんそうるい》のコロニーがへばりついている。そんな小さな生息場所に元気に生きている小さな生物を探してみましょう。ダニ、センチュウ、そして大きくなって蛾になろうというイモムシ。これら土壇場の野生生物たちは、地球の、やがて必ずや到来するであろう水と緑の世界への復帰にあたって、その前衛をつとめるはずの生きものたちであり、人間たちの心の転換を忍耐強く待っているのです。これらの種は、我々が無慈悲な破壊の対象とし続けている領域の一部を、まだ回復させる力を秘めているのです。

第四章 生物多様性はなぜ大切なのか

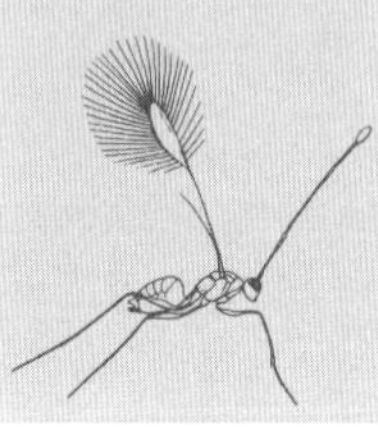

パストール、本来的な自然は単に客観的な実在であるというに留まらず、私たち人間の肉体的、精神的な健全さにとって必須であるというのが私の意見です（＊3）。ロジックは異なっても、貴方もまたこの意見に賛同してくださると私は予期しております。あなたのロジックによれば、本来的な自然のもたらす有益な作用は神の恵み、一方の私はそれを、生命圏に進化的な起源を持つ人類の、天与の権利と考えます。しかし、私たちの前提にかかわるこの相違を特に強調する必要はないと私は考えます。そうではなく、ここでは、我々自然派の解釈の中心部分をまずは提示させていただきたいと存じます。きっとあなたの同意も得られると信じているからです。

まずは以下の真理について考えたいと思います。その重要さゆえに、人間生態学の第一原理としてもよいものです。**「ホモ・サピエンスは、極めて小さい生態的なニッチに極限された種で**

ある」という真理です。確かに、我々の頭脳は宇宙の果てまで飛翔し、素粒子の世界にまで収縮します。両世界には一〇の三〇乗の空間的な開きがあるのです。この点に限れば人間の知性は神のようです。しかし厳粛な事実を直視しましょう。我々の肉体は、相対的に言えば微小サイズでしかない物理的な束縛の泡のようなものに閉じ込められているのです。我々は、地球の最も過酷な環境の一部を占拠する術を身につけました。ただし、内部環境を正確にコントロールされた密閉容器に収容されて、という条件つきです。極地の氷床も、深海も、月も、人類の訪問するところとなりました。しかし、自身を収容する生命維持カプセルに少しでも変調があれば、か弱く小さなホモ・サピエンスに命はありません。たとえ肉体的には可能であっても、そのような環境での長期の滞在は、心理的に耐え難いものとなってしまいます。

ここがポイントです。考えず、また巧まずとも、地球が、いのちを支える自己制御的な泡を提供してくれています。その泡が生命圏です。それは生命あるものの総体であり、すべての大気の生産者であり、あらゆる水の浄化者であり、すべての土壌の管理者であり、しかしそれ自体は、地球という惑星の表面に辛うじて張り付いている脆弱な膜のような存在です。私たちの暮らしは、すべての瞬間において、その脆弱な膜のデリケートな健全さに依存しているのです。ダーウィンがその著書『人間の由来』〔『ダーウィン著作集1、2』所収、文一総合出版〕の巻末に述べたように、人間には過去に生きた下等な生命体に由来する、消すことのできない刻印が押されているのです。信仰ゆえに、たとえこの言明に同意してはいただけなくても、私たちが生命圏に属し、種としてそこに生まれ、生命圏の提供する特定の条件に精密に適合していることはお認めいただけるに違いありません。そうです、すべての条件ではないのです。地球の大地の一部に存在する気候特性の、そのまた一部に存在する条件だけに、です。

人類生態学の第一原理は、別の形で表現することも可能です。地球以外の星は人類の遺伝子の中に存在しない。火星や、エウロパ［木星の第二惑星］や、タイタン［土星の惑星］に生命体が存在すれば、それぞれの生命体の遺伝子に、それぞれの惑星が刻まれていることでしょう。それらは、私たちの遺伝子と大きく異なっているに決まっています。

この視点から、地球上に現在生存している他の生命体を過剰に損なわないことが、人間の自己利益にとっても、最も良い選択だということができます。環境の破壊とは、人間の生来の肉体的、情緒的な必然に反する方向に人の外囲を変更させてしまうようなあらゆる変化のことと、定義することもできるでしょう。私たちは、何か新しい存在に向かって自律的な進化の途上にあるのではありません。遺伝子工学によって我々の本性を改造することができるなどという、一部の軽薄な未来主義者たちがほのめかすような事態も、予期しうる未来にわたって起こりそうにないことです。科学的な知識は限界を知らずに増大していくのかどうか、それもわかりません。しかしいずれにせよ、人間の肉体や情緒は、遠い未来に至るまで現在と同様なものに留まるでしょう。私たちの大脳皮質はあまりに複雑なので、部分的な改造は拒否されるでしょうし、私たちの体は、人間が汚染するあらゆる環境に適合できる突然変異を起こすバクテリアのようには変異できませんし、そしてさらに言い切ってしまえば、私たちは結局のところ、この生命圏における数百万年にわたる居住の遺産である人間の本性に留まる路を、選ぶだろうからです。

実存的な保守主義を支持する論議はまだあります。遺伝的な疾患であることが明らかな、多発性硬化症や鎌形赤血球貧血症に対する遺伝子置換による治療の領域を超えたヒトゲノムの改変は、大きなリスクを伴います。人間の本性のあるがままを前提として、我々の遺伝子にさらに完璧にフィットする状況を生み出すための社会制度、あるいは道徳の改変を工夫する方が、改造のために長大な時間の試行錯誤を要するような代物を相手にするよりも、はるかに良い方法と思われます。

古くかつ遅々とした進化の段階にある遺伝的な遺産が一方にあり、他方には、超高速の文化的な進化があります。現代文明の諸課題はこの二つの断絶に由来しています。世界には、部族の神々の祝福を受けつつ高度の技術を駆使する部族間戦争を行い、さらに鉄器時代の砂漠の王国の聖なる文書に道徳規則の拠りどころを求めようと考える人々がいます。中には、政治的、宗教的に指導的な地位の人物たちも存在します。そのような退行的な思考と、恐るべき破壊力とのますます大きくなるずれを認識すれば、開戦問題に限らず、私たちはさらに慎重にならざるをえないというものです。私たちの暮らしが究極的に依存している環境問題についても然り、というしかありません。私たちが何者であり、何をしているのかを、もっと正確に理解するまでは、本来的な自然（Nature）の最終的かつ永久の破壊は控えておくのが謙虚というものでしょう。

ホモ・サピエンスの破壊力は限界を知りません。しかし、その生体量［バイオマス］はほとんど無視できるほど小さな量です。数学的に言えば、地球上の全人類は一辺を一マイル［約一・六キロメートル］とする立方体一個に詰め込むことができます。グランドキャニオンの底深く、視野のかなたに下ろしてしまうこともできるサイズです。にもかかわらず人類は、生命の歴史上初めて、地球物理学的な勢力となってしまった種なのです。二足歩行の体とふらつく頭をもって、私たちは、地球の大気と気候を本来の様相から変化させてしまっています。無数の有害化学物質を世界中に拡散させています。容易に耕作の可能な大地のほとんどを農地に転化して、光合成に利用できる全エネルギーのすでに四〇％を独占しています。ほとんどの川にダムを作り、地球規模の海面上昇を引き起こし、かつてないほどの注目の中、淡水を使い尽くそうとしています。これらの狂乱的な活動に伴って、種の絶滅、そして野生の生態系の絶滅が続いています。これこそ、ヒトによる後戻り不可能な地球へのインパクトなのです。

人類の直面するトラブルは多々ある中で、なぜ生きた本来の自然（living Nature）の状況に注目しなければならないのでしょうか。科学者たちの予想するように、今世紀末までに地球の生物種のかなり、場合によっては半分もの種が絶滅してしまうとして、いったい何がどうなるというのでしょうか。人間の幸福にとって根本的な、さまざまな理由が挙げられます。科学的な知識や生物的な富の源泉が、想像を絶するような規模で失われるでしょう。機会費用も膨大な規模になるはずです。それを、私たちではなく未来の世代が明解に理解することになるでしょう。未発見の薬品、作物、木材、繊維、土壌改良植物、石油代替の資源、さらに他の生産物やアメニティーが永遠に失われることになるでしょう。

環境主義を批判する論者たちは（頻用されるその言葉が何を意味しようと、そもそも私たちはみな環境主義者なのではないでしょうか）、小さくてあまり馴染みもなさそうな生物、しばしば虫と雑草という二つのカテゴリーにまとめられてしまうような存在を軽視しがちです。しかし実はこれらの生物こそ、地球上の生命のほとんどを構成しているのだということが見落とされているのです。たとえば、増殖するサボテンからオーストラリアの牧草地を救ったのは、アメリカ大陸の熱帯域に棲む、あまり目立ちもしない蛾の食欲旺盛な幼虫でした。マダガスカルの雑草だったニチニチソウからは、ホジキン病や小児性の急性白血病のほとんどの治療に使用されるアルカロイドが抽出されました。これも目立たないノルウェー産の菌類から抽出された物質が、臓器移植産業を可能にしました。ヒルの唾液に含まれる化学物質からは、術中・術後の血液凝固を防止する溶血剤が得られます。石器時代のシャーマンによる薬草治療法から、魔法の薬剤による治療を目指す現代の生物医科学に至るまで、医薬にかかわるさまざまな例が知られています。批判者たちは、かつて勉強したことがあるとしても、それらの例を忘れてしまっているのでしょう。

野生の自然生態系は見えやすい存在なので、それが人類に提供しているさまざまな環境関連のサービスもまた、当然のこととされてしまいがちです。野生の生きものたちは、土壌を豊かにし、水を浄化し、植物の受粉を助けます。私たちが呼吸しているこの空気も彼らの産物です。これらの適切な環境がなくなれば、人類の残りの未来は、不潔で短いものとなってしまうでしょう。私たちの存在を持続的に支える基盤は、緑の植物たちであり、またこれに伴う微生物や微小な無脊椎動物たちなのです。これらの

北米大陸の西洋イチイの構造
抗がん剤タキソールが精製される

生物が世界を支えることができるのは、遺伝的に極めて多様なために、詳細な領域にわたって生態系における役割を分業することができ、さらに生息量が極めて大きいために、地表のどの一平方メートルにも、少なくとも何がしかの量で存在するという事情によるものです。生態系における彼らの諸機能は余力のある状況にあります。ある種が除去されたとしても、他種が増殖して、部分的であれ前種の位置をしめることができるのです。人間以外の、ほとんど虫と草ばかりの生きものたちが、我々の望むような方式でこの世界を運営してくれているのですね。歴史以前の過去において、人間は、それらの総合的な作用と、生物多様性が世界に安定をもたらすという保障に依存するよう、進化を遂げてきたからです。

生きた本来の自然とは、野生状態における生物の偏在と、それらの種の相互のやり取りが生み出す物理化学的な平衡以上のものではありません。と同時に、そのような偏在と平衡以下のものでもありません。生きた自然（Nature）の力は、複雑性を介した持続可能性ということです。つい我々がそうしがちなように、生きた自然を単純化によって不安定化させてしまうことは、破局的な結末を生み出しかねません。そのことによって最も大きな影響を受けるのは、最も大型で複雑な生物たち。人間もその中に含まれています。

世界を運営してくれている小さな生きものたちにもっと大きな敬意を払うべきです。私は昆虫学者なので、昆虫たちを例にとって、この地上で苦難をしいられている全動植物の集団訴訟を弁護したいと思います。昆虫の多様性は、全生物に関する記録の中で最大のものです。分類されている種の総数は、二〇〇六年の時点で、九〇万種ほどです。これらの既知の種に、今後発見されるであろう未知の種を加えた実際の総数は、一千万種を超えると思われます。昆虫たちの生体量もまた膨大なものです。生きている個体数はいつでも一兆の百万倍の規模でしょう。アリ類に限っても、個体数は一京《けい》［一兆の一万倍］ほどで、六五億の人類に匹敵する重量になるはずです。これらの推定値は、大目に見てもなお不確かなものですが、物理的な量において昆虫が全生物の頂点付近に位置することは疑いがありません。生体量において昆虫に匹敵できるのは、小さな海産の甲殻類であるコペポーダ、微細なクモに似た節足動物であるダニ類、そして

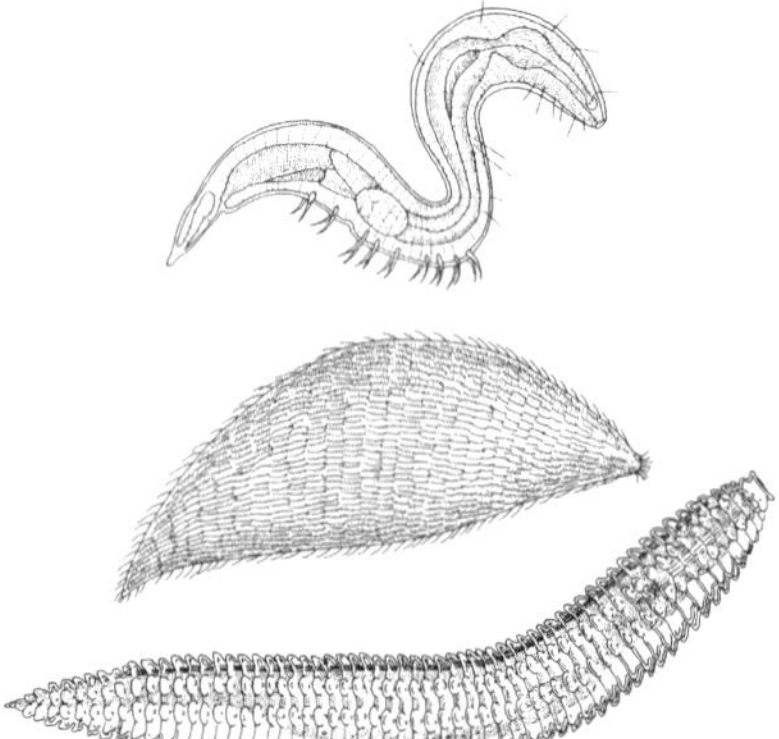

3種類のセンチュウ類（カイチュウの仲間）
寄生するもの、独立して生活するものなど、
さまざまな種類が存在する

あるいは頂点に立つかもしれない、驚異のセンチュウ類でしょう。数百万種を超えると推測されるセンチュウ類の膨大な個体群は、地球上における動物の五分の四の生体量をしめる可能性があります。これらの小動物が、ただ空間を埋めるためだけに存在するなどと、誰が信じられるでしょう。

人類の生存に昆虫は不可欠ですが、昆虫たちは人類を必要としていません。全人類が明日滅びても、滅びるのはコロモジラミ、ケジラミの三タイプだけで、それ以外にはただの一種の昆虫の絶滅もないでしょう。その場合でも、ヒトのシラミに近縁なゴリラのシラミは生き残り、少なくとも共通の祖先種に近いものが存続することになるわけです。ヒトの消滅ののち、数世紀もすれば、世界の生態系は再生を遂げ、一万年ほどの過去に存在した豊かな平衡状態に戻ることでしょう。もちろん、人類が全滅させてしまった多くの種は戻ってきませんが。

しかし、もし昆虫類が滅んでしまえば、陸上生態系は崩壊し、カオスとなってしまうでしょう。最初の数十年に生ずるであろうその破壊的な変化のステップを想像すれば、以下のようになると予測されます。

●花粉媒介者の消滅に伴い、被子植物の大半は繁殖を停止する。
●草本性の被子植物は一気に絶滅に向かう。虫媒性であっても潅木《かんぼく》や樹木は数年にわたって生き延び、一部には数百年を生き延びるものもある。

●鳥類や他の陸生脊椎動物の多くも、餌として特化した葉や、果実や、昆虫を失い、植物たちの後を追って消滅していく。

●土壌はすき返されることがなくなり、植物の衰退を加速させる。土壌をすき返し、再生する主役は、一般に信じられているミミズではなく、昆虫たちだからである。

●菌類と細菌類が爆発的に増加し、積み重なった植物の枯死体や動物の死体を分解する間、数年にわたたって絶世を極める。

●森の枯れていく大地のかなりの部分にわたって、風媒性のイネ科植物やシダ類、それに針葉樹が広がっていき、やがて土壌劣化も一因となって衰退に入る。

●風媒性の植物が生産する穀物と海産物を頼りに、人類は生き延びる。しかし当初の数十年にわたって地上に拡がる飢餓をとおして、人口は大幅に減少していく。減少していく資源をめぐる戦争、人々の苦しみ、暗黒時代の野蛮に回帰していく動乱は、人類史にかつて例のないものになる。

●破壊された世界での生存に必死となり、生態学的な暗黒時代に閉じ込められてしまった生存者たちは、草と虫たちの帰還を願う祈りをささげるようになる。

私のシナリオの要点は、殺虫剤に注意すべし、ということです。昆虫たちの世界を縮小させようという考えを支持すべきではありません。地上に暮らす数百万種の昆虫たちを、一種であれ絶滅させようというのは重大な誤りです。もちろんごくわずかの例外はあります。先にも挙げたシラミについていえば私は根絶に賛成するでしょう（シラミを告発する理由は以下——人間に限定された寄生者であること／皮膚に重大な損傷を与えること／生活の質をそこなう重大な危機であること／疾病の媒介者であること）。人血食に特化し、吸血の際、悪性のマラリアを媒介するアフリカのガンビエハマダラカ類の消滅も悔やみません。将来の研究のためにＤＮＡを保存したうえで、ガンビエハマダラカ類は絶滅させるのがよいでしょう。人類を食害することに特化した生物に関しては、絶対保全主義は行使せずにおきましょう。

現実の世界では、人間にコンスタントに害を与えるという理由でコントロールされる必要のある昆虫はごくわずか、おそらくは一万種に一種くらいの割合でしょう。しかもほとんどの場合そのコントロールとは、有害種が、意図せず人為的に運び込まれた侵入種として分布する地域において、その地域集団を減少させる、あるいは可能であれば根絶することを意味しています。アカヒアリの例をみてみましょう。一九四〇年代に合衆国南部の諸州に持ち込まれて多大な被害を与えてきたこのアリは、近年、そこからさらにカリフォルニア、カリブの島々、オーストラリア、ニュージーランド、さらには中国に拡がっています。本種による農業被害は、毎年一億ドル単位の規模に達しています。刺されると激しい痛みがあり、ときには、毒物質がアナフィラキシーショックを引き起こして、致命的な事態にも至ります。このアリによって排除されてしまった在来の昆虫もおり、野生生物の個体群は減少を強いられています。昆虫学者に名案があれば、アカヒアリの侵入個体群は除去してしまうのが賢明ですね。しかしブラジル南部、アルゼンチン北部では事情が違います。これらの地域では、アカヒアリは地域の在来種であり、長大な時間にわたる共進化をとおして、他の在来生物たちの暮らしと生態学的な調整ができているからです。南米の本来の生息地では、このアリたちは、捕食者、病原生物、そして競争種とバランスのとれた状態におかれているのです。そうでなければとうの昔に絶滅していることでしょう。しかし合衆国では、天敵はわずかで力も弱い。侵入を受けている地域では、その環境にとっても、人々にとっても、アカヒアリの侵入個体群は除去されるのが健全です。自然生息地である南米では話が違います。そこでアカヒアリを排除してしまえば、他種との共適応のうちに調和的な暮らしの実現をしている生態系に打撃を与えてしまうことになるでしょう。

上記のようなプラス・マイナスを、生きた本来の自然（living Nature）のもとでしっかり見極め、生命圏の内部構造をより適切に理解していくことは、現代生態学に課せられた大きな挑戦の一つに違いないはずです。希望をいえば、やがて研究者たちは、生態系がどのように組織され、いかに維持され、さらに詳しくは、どのようにして不安定化してしまうものか、理解するようになることでしょう。地球は、大自然（パストゥールは神とおっしゃるかもしれません）が、その無数の実験成果を私たちに提示する実験室のようなものなのでしょう。自然は私たちに語りかけています。耳を傾けようではありませんか。

第五章 地球からの侵入者

アメリカ南部の住民なら、たとえ個人体験のレベルにせよ、誰もがヒアリを知っています。大変な厄介者なのですが、自然がいかに機能しあるいは機能障害を起こすものか、ヒアリは、私たちにたくさんのことを学ぶ機会を提供し、すでにアメリカのフォークロアの一部にもなってしまっています。私自身、少年時代の野遊びをとおしてヒアリは熟知していましたし、専門的な科学者になってからも、折にふれ研究を進めてきました。生態系の繊細な複雑さ、その自然のバランスが、ただ一種の外来種の侵入によっていかに容易に崩壊してしまうものか、本種ほど明快に例示してくれる昆虫はいないでしょう。しかし、ヒアリについて多数の科学報告を執筆していた私は、もうこの刺客たちのことは卒業と考えていました。彼らについてもう学ぶべきことはほとんどないと感じていたのです。しかし、ある重要な出来事があって、彼らは再

び私の暮らしの中に舞い戻ってきたのです。

当時、私は西インド諸島のアリ類に関する研究を進めている最中でした。南端のグレナダから北のバハマ、キューバまで、島ごとにアリ類を調べあげていました。その島々の全体は、植物と動物が海を越えてどのように分散し、土地に定着し、各種の生態系を形成していくかを明らかにする研究にとって、まさに理想的な配置でした。西インド諸島のアリ類は四七六種（二〇〇五年集計による）に達しています。その量や独自性から、西インド諸島のアリ類は、先に述べたような研究にとってすばらしい材料を提供してくれるのです。この研究は人との関係でも重要なものでした。その領域で、ヒアリが次第に大きな存在になっていったのです。

私の物語は以下の通りです。

二〇〇三年三月一〇日の午後のことでした。フィールド生物学者の小グループと連れ立って、私はドミニ

西インド諸島周辺地図

カ共和国中心地の西に隣接する古都、コンセプシオン・デ・ラ・ベガの発掘済みの遺跡に踏み込みました。私たちの正面には石積みの要塞がありました。一四九六年、コロンブスその人の指示で築かれた修道院です。左側には古い井戸の残骸がありました。一六世紀の初頭、当地に住み着いたフランチェスコ派の修道士たちが利用したものと言われています。右側には平坦地がありました。当地とその周辺に広がっていたゴールドラッシュタウンが、一五三〇年代に至って放棄される以前は、きっと修道院の庭の一部だったものでしょう。

その荒れた空地にヒマワリが一株育っていて、小さな暗褐色のアリが群がっていました。葉脈にはツノゼミの仲間がぎっしりしがみついていました。背中にサメのひれのような突起をつけた、アリマキの遠い奇怪な親戚たちです。標本にしようと葉をひきちぎると、アリたちが私の両手に群がり、噛み、そして刺しました。刺されるたびに、まるでマッチの火を近付けられたときのような激痛がありました。噛み跡は小さなみみず腫れになって、痛みは数時間続きました。アリたちは明らかにツノゼミたちを守っていたのです。

その瞬間、なんともおかしなその状況の中で、私は五〇〇年のミステリーを一つ解いたと確信したのです。その後、しかるべき努力の末に、私は、新世界に入植したヨーロッパ人たちが最初に体験した環境危機の原因について、報告をまとめることができたのでした。

一五一八年ごろ、イスパニョーラ島［現在のハイチとドミニカ共和国の領土］に形成されはじめたばかりのスペイン人たちの入植地で、アリの大発生が起こり、それを目撃した人がいました。コロンブス時代のアメリカの厳格な年代記編纂者（神の御言葉の前で、すべてを真実のままに述べると約束した）として、また、カリブ海インディアンの擁護者としても知られているバルトロメ・デ・ラス・カサスです。聖徒の列に加えられることはないのですが、私は、ラス・カサスを偉大な聖徒の一人と考えています。彼はその著書『インディアス史』［全七巻、岩波文庫］の中で、修道院で見た光景を以下のように記述しています（＊4）。

バルトロメ・デ・ラス・カサス（1484-1566年）
コロンブス時代アメリカの年代記編纂者

大発生したのは人を噛む無数のアリだ、……その痛みは、人を噛み傷つけるスズメバチよりさらに激しい……、夜、ベッドにあっても彼らはアリの襲撃から身を守ることができない。水を湛《たた》えた四本の箱型の桶《おけ》のうえにベッドが置かれていなければ、生き延びることもできない。

いまはドミニカ共和国となっている地域の各地、そして創建されたばかりの首都・サントドミンゴでも、アリの群れは、庭園という庭園、果樹園という果樹園を、ことごとく破壊しました。災禍の拡大で、オレンジ、ざくろ、カシア〔肉桂の一種〕のプランテーションは地上から消え去りました。「天から降った火炎にでも焼き払われたように、果樹は焼けつき枯れはてた」とバルトロメは苦悶しました。下剤の原料としてスペインで広く利用されていたカシアの被害は特に深刻でした。入植者たちは当初、鉱業から利益を得ていましたが、奴隷として使役したタイノ族インディアンたちの人口が、疲弊と疾病で絶滅近くまで減少してしまったため、その利益は激減し、新たな収入源としてカシアに頼っていたからです。

アリの災禍はタイノ族インディアンたちへの過酷な扱いに対する神の怒りと、バルトロメは考えていました。その原因をスペイン人たちがどのように考えたにせよ、災厄からの解放を願い、彼らはたちまちにして最高権威に頼るようになったのでした。

かくも大きな被害を与える災禍の拡大を目の当たりにし、しかも人為による終息を期待できなくなったサントドミンゴの市民は、裁きの最高法廷に救いをもとめたのでした。彼らは長蛇の列をなして、日々の暮らしをかくも強く苦しめる災禍からの解放を我らが神父に願いました。神父から与えられる神の祝福を、より早く授けてもらえるように、聖徒を聖職修習生としてしまうことを思いつきました。神が選んだものであれば、誰でもよいことにしました。かくして、司教も司祭も含め市中をあげて夜を徹する行列をなし、くじを引き、祈禱嘆願中の聖徒たちの中から、誰に聖職修習生としての神の摂理が下るかを見守ったのでした。選の結果、聖サトゥルニンに命が下りました。聖職者と市民らは、幸いと喜びをもって彼を采配者として受け入れました。彼らは厳かな祭礼をもって聖サトゥルニンを祝し、その後も毎年……。

バルトロメ・デ・ラス・カサスの記すところによれば、その後まもなくのうちに、まるで奇跡が起こったかのように、災厄は収まっていきました。数年もすると新しい果樹が植えられ、実をつけはじめました。その後、今日に至るまで、ドミニカ共和国では、柑橘類とカンアの木々は絶えることなく茂り続け、アリの被害もほとんどないのです。

イスパニョーラ地域で終息を迎えたアリの災厄は、西インド諸島の他の地域にも襲いかかりました。一五〇〇年の初頭、ジャマイカでヒアリの大発生が起こり、一五三四年にはセビリア・ヌエバ村が廃村となりました。同時期、現在のプエルトリコ、ロイザ地域では、キャッサバの大農園が危機に追い込まれるに至り、住民のくじ引きにより聖パトリックという人物が守護者に指名されています。キューバのサンクティ＝スピリトゥスも同じような被害に襲われました。住民は川を渡って災厄を回避し、聖アンという人物を調停者に指名しています。

一七世紀には、バルバドスでもアリの被害は大発生のレベルに達しました。一六七三年、リチャード・リゴンが自ら記したバルバドス島の自然史の中に、被害の様子が記述されています。一八世紀には、一七六〇年バルバドス島、一七六三年マルティニーク島、一七七〇年グレナダ島と、劇的な被害が小アンティル諸島を襲いました。バルバドス島の事態については、後年、一八四八年に記されたロバート・ヘルマン・ショムブルグの『バルバドス島史』のなかに、以下のような記述があります。

セント・ジョージズからセント・ジョンズに至る一二マイルほどの区間にあるサトウキビ農園は次々に残らず破壊され、悲惨極まりない状況に陥った。

アリの密度は極めて濃く、数マイルにもわたって道路を埋め尽くしたとも記載されています。

路を行く馬の蹄鉄の跡も、一瞬のうちにアリに覆われて見えなくなるほどだったそうです。

小アンティル諸島の場合、サトウキビの救済者として聖者が指名されることはありませんでしたが、代わりに多額の賞金がかけられました。たとえばグレナダでは、アリの大集団を食い止める方法を発見したものには二万ポンドの賞金が提示されました。結局、申告者はでなかったのですが、やがて必要もなくなりました。二世紀以上も前のイスパニョーラ同様、小アンティル諸島の場合も、被害はやがて縮小していったからです。

大被害を与えたそのアリはいったい何ものだったのでしょうか。ここには犯罪捜査にも似た犯人特定の問題があります。近代分類学の開祖であるカルロス・リンネは、一七五八年、そのアリに *Formica omnivora*〔何でも食べるアリ〕というラテン名を与えています。しかし彼が記録したのはそれだけでした。わずかなラテン語だけでは、そのアリが現代の分類体系の中でいったい何という種に当たるのか、皆目見当がつかないのです。私自身を含め、ストックホルムあるいはロンドンに残されているリンネの標本の中から、問題のアリに相当する標本を特定できた昆虫学者はおりません。ハーバード大学の昆虫学の私の先達の一人であり、博学で知られるウィリアム・モートン・ウィーラーを含め、過去幾多のアリの専門家たちも、現在カリブ海地域に棲息するどの種類のアリが犯人に相当するのかを追及してきたのですが、証拠は少なく、また相互に混乱もしていて、確実な結論には到達できていませんでした。いまから振り返りますと、一九二六年の論文の中で、ウィーラーはいい線までいっていたのですが、推論はなお正解ではありませんでした。法廷活動のたとえで言えば、ウィーラー以前の捜査官たちは、容疑者はおさえたものの、立件するにたる証拠をそろえることはできなかったのでした。

西インド諸島の有害アリの難問には歴史的な意義もあります（その生物に限定した聖者が指名されるなどという事態は他にほとんど例がないでしょう）。しかしそれ以上に、この難問の解決には、不安定な環境に関する一般的な理解にかかわる重要な意義があるのです。*Formica omnivora* とは何者なのでしょうか。この種は、なぜ大被害をもたらすほどの爆発的な増加をみせたのでしょう。そしてさらに、なぜその後数年、遅くとも数十年のうちに衰退してしまったのでしょうか。

一九九〇年代の半ば、私は昆虫学のこの迷宮事案を解決すべく、取組みを始めました。被害の発生した島々をたびたび訪問し、現在の生息地において確認できるすべての種類のアリを調べました。歴史資料にも広く目を通し、*Formica omnivora* の概要や行動に関する入手可能なすべての情報をつなぎ合わせる努力をしました。これらの情報を要約し、さらに要約したリストを作成しました。そして逡巡と改定を繰り返した挙句ではありますがコンセプション・デ・ラ・ベガ修道院での発見をもとに、結論を下しました。

一六世紀に悪名を馳せた有害なアリは、ウィーラーが不十分な証拠からそう結論したように、熱帯性のヒアリというのが私の結論です。昆虫学の世界では、*Solenopsis geminata* という学名で知られるそのアリ［アカカミアリ］は、合衆国の南端部、中央アメリカ、そして恐らくは熱帯南アメリカを本来の生息地とする種類であり、人間の通商を介して、世界の熱帯、亜熱帯の広い地域に分布を拡大しました。本種は、合衆国南部に生息する赤色の移入されたヒアリとは別種。問題の有害種に最も近縁な二種類のアリは、合衆国南西部に生息しています。有害なヒアリは西インド諸島にも本来生息していた可能性があります。少なくともコロンブスが最初に到来したときにはすでに生息していました。先住民であるタイノ族には、そのアリを指すと思われる、*jibijoa* という名称があります。この名前は、一四九二年［コロンブスのアメリカ発見年とされる年］から、その四〇年後、スペイン人たちによってタイノ族が絶滅させら

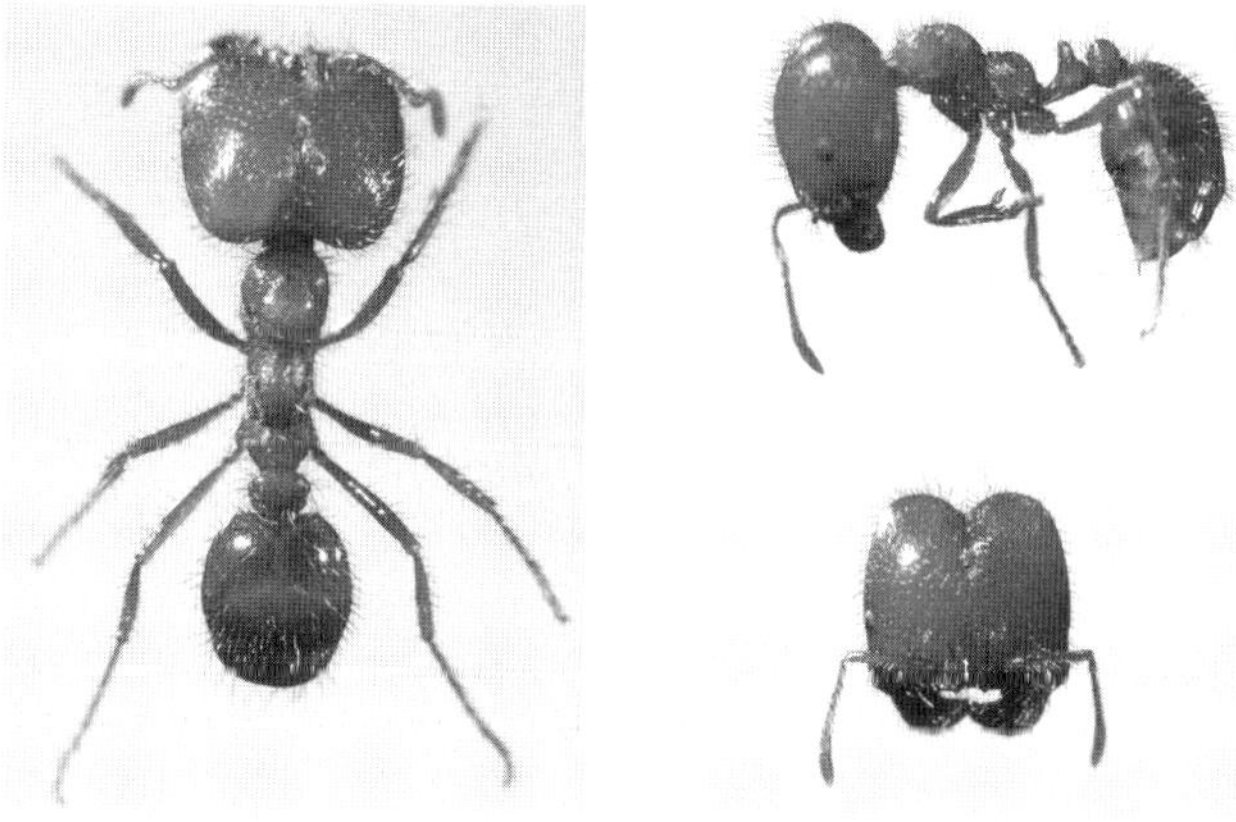

アカカミアリ

れてしまうまでの間に造語されたものとは思われません。仮に本種が、本来西インド諸島産というのではなく、しかしコロンブスの到来時にはすでに生息していたというのであれば、タイノ族のアラワク系祖先たちによって、島から島へ、小アンティル諸島まで偶然に運び込まれてしまったのだと思われます。媒介物の有力候補は、キャッサバと思われます。カリブ海先住の人々が好んだ根菜ですね。

しかし、ここで実は謎が深まってしまうのです。問題のヒアリが、もしタイノ族の畑の内外に生息していたものなら、なぜコロンブスが到着してから、大害虫になったのでしょうか。アリの大増殖は、スペイン人たちによるタイノ族のジェノサイドへの神による罰というのではないとするのなら（私はその仮説を一〇〇%無視することができません！）、原因は、スペイン人たちが環境に加えた何らかの変化であったに違いありません。果樹園や畑への植栽そのものが原因という可能性はありません。イスパニョーラ島では、スペインによる占領以前に、すでに四〇〇万人ともいわれるタイノ族による強度の耕作が行われていたからです。

コンセプション・デ・ラ・ベガ修道院の遺跡でアリとツノゼミ類を目撃したとき、私に答えがひらめいたのは、枯れかかった作物の焼けただれたような姿が目に入ったからでした。こんな害を加えるアリはいないのです。アリが植物質を食べることは極めてまれだからです。しかし、植物の汁を吸う、アリマキ、カイガラムシ、そしてウンカ、ヨコバイ、ツノゼミなどの同翅目《どうしもく》昆虫による大量寄生があれば、まさにそんな状態になるのです。ヒアリは、これらの昆虫を保護する習性を持つアリの仲間。保護するお返しに、糖分やアミノ酸を豊かに含んだ液状の排泄物を、同翅目昆虫から得ることができるのです。つまり、大被害の最もありうる原因は、イスパニョーラ島に、それまで生息していなかった新しい同翅目昆虫が到来したということではないかと思われます。それらの害虫は当初天敵の抵抗を受けることなく、爆発的に増殖したのではないか。最も可能性の高い媒介植物は、一五一六年、主要食物としてカナリア諸島から移入されたプランテン［調理用のバナナ。カリブ海諸国で主に食される］かと思われます。食物の増加で勢いを得たアリたちは、新しい生息地で旺盛に増殖し、これら二つの昆虫たちの共生が、大被害を生み出したということですね。

スペイン人たちは、食用植物に取り付く膨大な数の昆虫に混ざる吸液性の同翅目昆虫に気づかず、あるいはその重要性を理解しないまま、すべての原因を、激しく刺しまくるアリたちに負わせてしまいました。それは無理からぬことだったかもしれません。西インド諸島におけるアリの大被害に、実は同翅目昆虫が関与しているのではないかとナチュラリストたちが疑い出したのは、一八世紀末のグレナダにおいてのことでした。

一六世紀のイスパニョーラ島における *Formica omnivora* という謎のアリの正体に関する私の確信は、実は私自身が、ヒアリによる被害をその発端から目撃したことがあるという体験にも支えられていました。一九二〇年代末、あるいは一九三〇年代初頭のある時期に、すでに名前をあげた移入種のヒアリ［学名 *Solenopsis invicta*　以下では、ガイライヒアリと仮訳しておく］は、アラバマ州の港町モビールに偶然移入されたのです。本種は、本来の生息地であるブラジル中央部やアルゼンチン北端部から、船荷にまぎれ、おそらくはパラナ川の航路を通って移動を繰り返し、モビールにいたったものと思われます。一九四二年、当時一三歳だった私は、モビール港のドックから数ブロックの距離に住んでいて、近隣のボーイスカウトのプロジェクトでアリの研究をしていました。そこで、ガイライヒアリの特徴的なマウンド型の巣を発見したのですが、それが本種について合衆国で最初に発見された二つの事例の一つとなりました。七年後、そのアリは、すでにモビール港から半径八〇マイルの範囲の芝生地、畑地、イネ科草本の生える小道に広がっており、その巣密度は一エーカーあたり五〇あるいはそれ以上、個々の巣には二〇万匹を超える気性の荒い働きアリがいる、という状況になっていました。その時点で、ガイライヒアリは、すでに大被害の段階に達していたといってよかったのだと思われます。

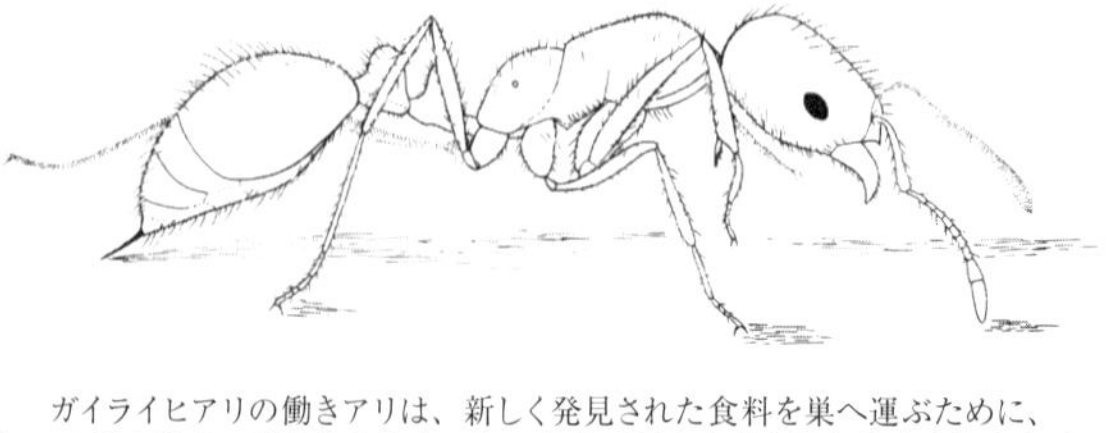

ガイライヒアリの働きアリは、新しく発見された食料を巣へ運ぶために、
匂いの道を作る。道を作るための匂い成分は尻から突き出た針から放たれる。

一六世紀のイスパニョーラ島におけるヒアリの被害ほどではなかったにせよ、広範な地域に苦渋と警戒を誘発していました。

一九四九年の春、私はアラバマ大学の二年生になっていて、アリ類の生物学研究を興味の中心として昆虫学の研究に没頭していたのですが、折から、ガイライヒアリとその環境への影響を調査する要員として、アラバマ大学環境保全学部に雇われることになりました。まだ二〇歳にもなっていなかったのに、私は昆虫学者として最初の職に就くことができました。ヒアリには大感謝です。子ども時代の熱中を、ついに暮らしにつなぐことができたのだという実感がありました。仲間の学部生だったジム・イーズと一緒に、ガイライヒアリの侵入地帯を縦横に歩き回り、既刊の膨大なレポートも確認していきました。野外観察と室内実験を通し、ガイライヒアリは、特に市民菜園で、作物に大きな害を与えることが明らかになりました。種子を持ち去ってしまい、芽生えの根に穴を開けて食べてしまうのです。アリたちが、ボブホワイト［北米のウズラの一種］など、地表あるいは地表近くに営巣する鳥の小さな雛をおそう場面も何度か記録しました。アリたちの行動や大きな巣が、耕運、草刈、収穫にどんなに障害となるか、確認することもできました。農業地域では、ときには住居に侵入する例も記録しました。こうした被害は、いずれも後続の研究者たちによって追認されています。新しい研究では、もちろんさらにたくさんの事実が発見されています。このアリは、他の多くの昆虫や無脊椎動物、そして爬虫類の、量や多様性を減少させることによって環境を変えてしまうばかりでなく、ネズミやシカの集団まで追い出し、あるいは減少させてしまう力を持っています。このアリの毒に、幸いにして一％以下ではありますが、アレルギー反応を示す市民もいるのです。

現在、このアリの分布する地域に、ジョークがあります。悪名高き害虫の名前を、「ファイアーアント（fire ant）」ではなく、「ファーレイント（far aint）」と発音するのです。そう発音したあと、すぐこう付け加えます。「南部なまりでしゃべったのではないよ、アリたちは遠くから来て帰れない、って言ったのさ〔訳注1〕」。このジョークも事態を過小評価しているかもしれません。ガイライヒアリを阻止するものはなし。ラテン語の名前、*invicta*〔「無敵」の意〕のとおり、まさに敵なしです。定着後はメキシコ湾岸諸州に広がるとともに、北に向かっては冬の寒さがアリたちの温暖型の体内機構の耐えられる限界に至るまで広がっています。いまやその分布域は、ノースカロライナの低地帯からテキサス中央部へ、そして南はフロリダ全土に及んでいます。一九八〇年代にはプエルトリコに広がりました。人の通商に伴う拡大ですね。その後、バハマ、小アンティル諸島の一部、さらにトリニダード島にまで侵入しています。一九九〇年代には、カリフォルニア州オレンジ郡に定着しました。最近私は、カリフォルニアのセントラルバレーにあるカリフォルニア大学デービス校で、昆虫学者仲間にこう言いました。

「南の方でシューっていう音が聞こえたと思ったら、もうその瞬間に足もとにガイライヒアリがいる」

以上すべての出来事をまとめると、それがそのまま、蟻の災厄の叙事詩の第一章になっているることがわかるのです。ところで、西インド諸島で大災厄をもたらした蟻の正体を明らかにするための情報集約を進める過程で、情報に二つの不整合のあることがわかってきました。第一は、一七〇〇年代半ば、バルバドス、グレナダ、マルティニークを大侵食した蟻は、人を刺さないということです！　いや、ヒアリのこのあまりにも明白な習性について、少なくとも同時代の資料に、まったく記載がないのです。接近すれば刺されてしまうのは不可避の体験です。刺されてしまえば、物を書く機会があれば必ずや大書きするに決まっています。第二は、大災厄あるいはそれに近い被害をもたらすアリについて、一六七三年にリチャード・リゴンが記した文書の中に、このアリは、一頭で運べないような大きな食物片（たとえばリゴンが気晴らしにつぶしてアリに投げ与えたゴキブリの死骸）に遭遇すると、集団になってそれを摑み上げ一致団結して巣まで運んでいくという記述があることです。ヒアリ類は、この記述とは対照的に、大きな食物片を引くこともしませんし、また、個々の働きアリが運べるように細かく切り刻むなどということもないのです。

以上から、西インド諸島における災厄を引き起こしたアリには、二つのタイプがいたことがわかります。第一は、一六世紀イスパニョーラ島のヒアリ。そして第二は、一世紀あるいはそれ以上を経た段階で小アンティル諸島に登場する別のアリ。後者について申し上げると、筆頭の、あるいは事実上唯一疑いのかかるアリは、オオズアリ（*Pheidole*）属のアリですね。オオズアリ属のアリは、現在六二四種が知られており、西半球においては最も多様で量的にも豊富なアリ類です。おりから私は、それらすべてを対象として、三四四種の新種の記載を含めた総合的な研究をまとめたところでもあり、候補は二種と、ただちに絞り込むことができました。オオズアリ属の一種〔学名 *Pheidole jelskii*〕と、ツヤオオズアリ〔学名 *Pheidole megacephala*〕です。

前者はただちに候補から外すことができます。本種は新世界において最も多様で広く分布する在来種の一つであり、西インド諸島にも広く分布するのですが、その他の特徴については、大災厄を引き起こしたアリに関する歴史的な記録にどれ一つとして適

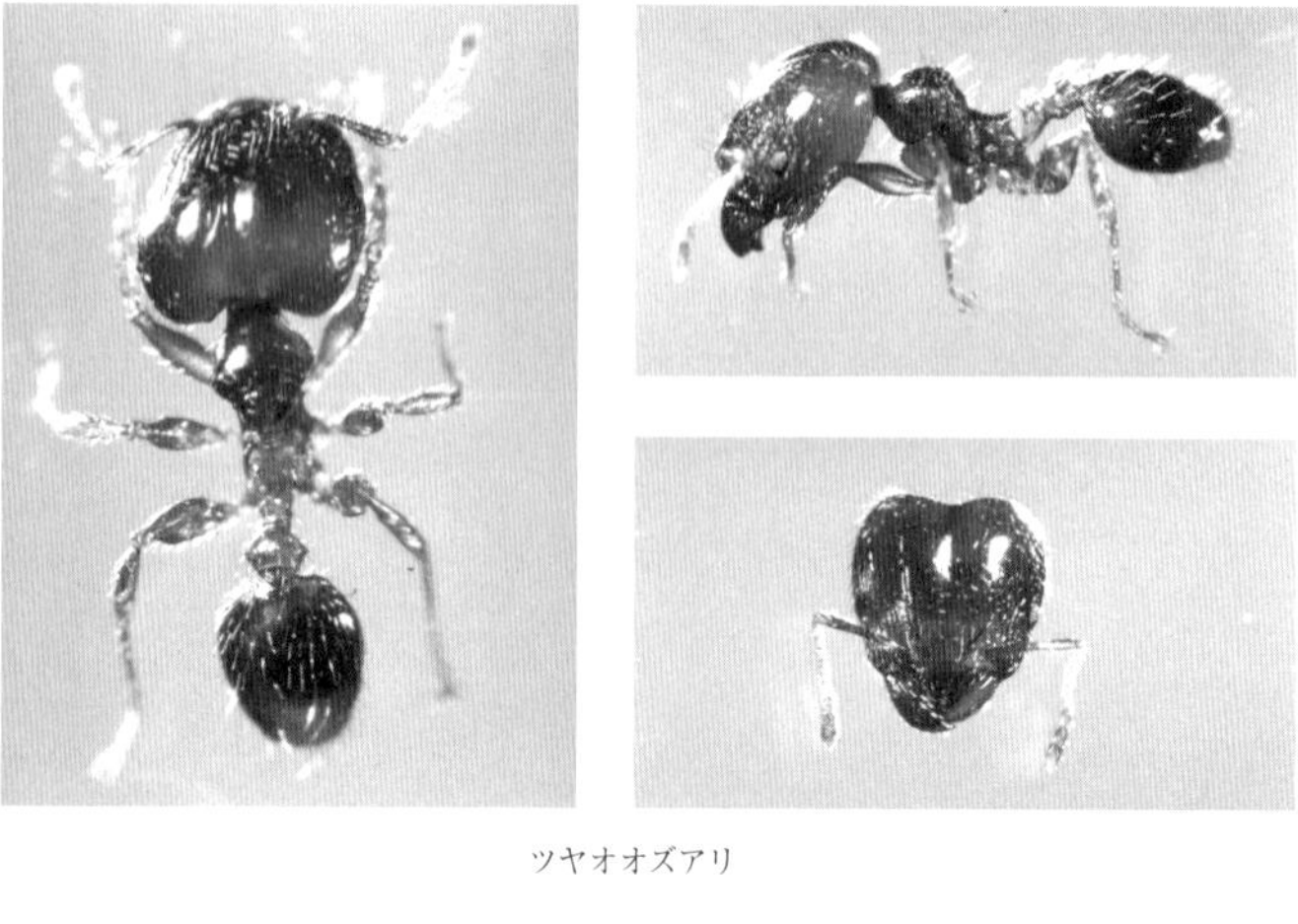

ツヤオオズアリ

合しないからです。本種は開けた土地にクレーター型の巣を作り、家屋に侵入することはなく、大きな集団となって餌を集めることはしないのです。他方、ツヤオオズアリは、歴史記録にほぼ完璧に適合します。アフリカ原産の外来種である本種は、災厄を引き起こしたアリについての記録にあるとおりの様式で、樹木やサトウキビの根に巣を造り、リゴンが一七世紀に書き残した記録にあるとおり、しばしば家屋に侵入する害虫となるのです。さらに本種は、連続的な巨大コロニー群を形成し、一定の地域において完全に優占する能力を持っています。そのようなコロニーを私はフロリダ州ドライ・トートゥガスのロガーヘッド・キーで発見したことがあります。バミューダやプエルトリコに近いクレブリタ島で発見したという他の昆虫学者たちの報告もあります。ハワイを含む世界の一部の地域において、最近本種は、災厄あるいは準災厄的な規模に達しています。

外来のツヤオオズアリが、災厄をもたらした第二のアリだとすれば、西インド諸島に災厄をもたらしたアリの別の特徴も納得できるようになります。一五〇〇年以降の最悪の三回の大発生、すなわち、バルバドス、グレナダ、マルティニークにおける出来事は、いずれも一七六〇年から七〇年の間、いいかえれば一〇年の間に集中して発生しており、しかもすべてサトウキビ畑においてなのです。この現象は、さほど離れていない時期にツヤオオズアリの侵入があった、いや、本種は一六〇〇年代半ばにはすでにバルバドスに生息していたのですから、さらに蓋然《がいぜん》性《せい》の高いのはツヤオオズアリと共生関係を形成する同翅目昆虫外来種の侵入があったと仮定するのでなければ、説明しがたいものです。被害が、同翅目昆虫の大増殖を可能にするサトウキビ畑に集中した事実は、後者の説明の妥当性を後押しするものです。

現在、世界で知られているアリは一万二千種をほんの少し下まわる規模なのですが、通商を手がかりとして移動し、新天地に定着し、相当規模の生態的・経済的損害を与えることとなった侵略的な種は一三種です。ほとんどの種は一度ならず大被害のレベルまで増加したことがあるのです。このグループには、ヒアリ類とツヤオオズアリの他、目立たず忍者のように活動するカーボヴェルデ共和国［アフリカ大陸の西沖合いの島国］のミゾヒメアリ、ガラパゴス諸島、ニューカレドニア、その他の熱帯地域に分布するチビヒアリなどが含まれています。これも世界中に分布する害虫であるアルゼンチンアリは、マデイラ諸島、オーストラリアの一部、南アフリカ、そしてカリフォルニアなどにおいて大きな被害をもたらしてきました。

こんなに小さな昆虫がそれほどに大きな被害を与えるものかと、驚いてはいけません。そもそもアリ類は、地球に君臨する小型動物類の一部です。アマゾンの熱帯林で測定された結果によれば、乾燥重量で比較すると、アリ類は全昆虫類の三分の一を占めています。シロアリ類とあわせれば、その乾燥重量は、当地における脊椎動物・無脊椎動物すべてを総計した全動物類の重量の四分の一に達しています。さらに、少なくともサバンナ、砂漠地帯、さらには暖帯林においてさえ、これらの数値はアマゾンと同等あるいはそれに近い値になると思われます。ほとんどの生息域において、アリ類はミミズ類よりも多量の土を移動させますし、小動物類の第一の捕食者、そして腐食者でもあるのです。仮に他の昆虫類が生き延びたとしても、アリ類がいなければ、人類が無事に生存していくことができるか、疑わしいものです。この優占性ゆえに、アリ類は他の動物類に比べて人為を介した移動を受けやすい存在となっています。さらにまた、有害アリ一種について少なくとも一〇種の割合で、世界のいずれかの地域にすでに定着済みの、少なくともいままでのところまだ害虫とはなっていない、外来種のアリがいるのです。

アリの物語は、地球上の人間以外の生命の領域において現在進行中の事態を映す、不吉な鏡と言ってよいかもしれません。グローバリゼーションと、国

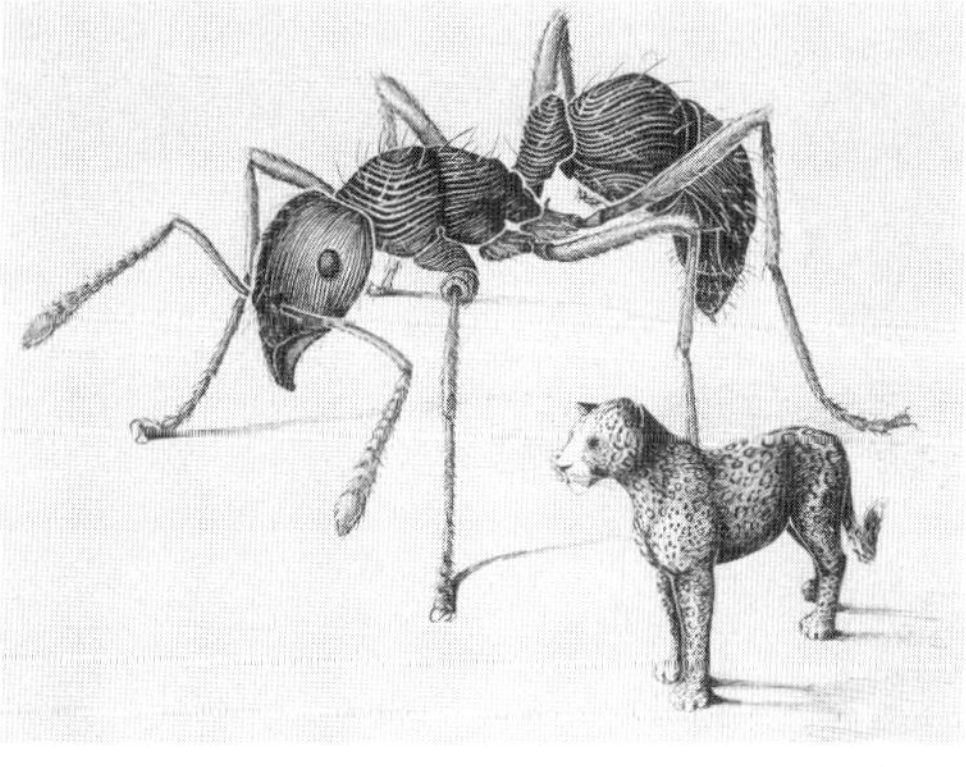

ブラジル・アマゾン周辺において、アリの総重量はすべての脊椎動物（哺乳類・鳥類・爬虫類・両生類）を合わせた総重量より重い。他の多くの地域でも、同様と思われる。

際的な通商・観光がさらに拡大するにつれ、人間活動だけに由来する外来種の拡大速度も増加しています。いずれの国も、概ねそれと気づかないまま、増加を続けるそのような外来生物の受け入れ者となっています。アメリカに分布する在来生物は二〇万種規模と思われますが、合衆国政府が一九九三年にとりまとめた移入動植物ならびに微生物のリストは四五〇〇種に達しています。しかしこの数字は間違いなく過小評価です。現状ではまだ稀で目についていない小型の無脊椎動物や微生物を加えるなら、侵入生物の種類数の本当の数字は、数万種を軽く超えるものと思われます。全州の中で最も大規模な生物的変容を受けてしまっているハワイ州についていえば、陸域の鳥類の過半数、さらに植物の半数近くがすでに外来種です。

アメリカ合衆国は、その全史を通じて外来種の侵入を受けてきました。農業病害虫や、外来性のヒト病原生物までリストに加えれば、それらに起因する被害は毎年数千億ドルの規模に達しているはずです。被害の種類は多岐に及びます。たとえば、アメリカ東部の森林の優占樹種であったクリは、アジア起源のカビの一種によって一九〇〇年代にほぼ壊滅してしまいました。黒海あるいはカスピ海から侵入したものと思われるゼブラ貝は、五大湖沿岸の侵入地点から分布を広げ、いまや発電所の取水口をふさぎ、淡水生態系を変化させています。しかし、環境保全主義者としての私の心を最も強く恐怖させているのは、南西太平洋地域から侵入したと思われるミナミオオガシラというヘビです。第二次大戦後、グアム島に侵入したのち、ほんの数十年のうちに、同島に生息した固有種三種を含む森林性の在来の鳥類一〇種を全滅させてしまいました。さらにこれでも足りないというのか、本種は有毒〔微弱といわれている〕で、一〇フィート〔約三メートル〕もの大きさになり、ときには住居にも侵入しています。

これらの侵入生物も氷山の一角に過ぎません。近年合衆国に侵入し、定着している生物には、さらに、ヒトスジシマカ、ニューオリンズで樹木や家屋を食い荒らしているイエシロアリ、池を跳ね回る雷魚、藪や樹林地の緑の癌とも言われてしまうミコニア、アパラチア山脈南部のモミの森林に大被害を加えているカサアブラムシなどもいます。以下、少しいたずら心を発揮して、侵入種の被害の詳細を取り扱っている最新のお勧め図書五冊のタイトルを、問題の要点を記述する一つの文章の形式で並べてみました。『外来性侵入種』は、『生物学的な汚染』の一つの形であり、『パラダイスの流れ者』、『侵入禁止の生物』として、『アメリカの悪がきたち』なのです。

世界的に見ると、侵入生物は、人為による生息地の破壊に次いで第二番目の、在来生物絶滅要因となっています。長時間にわたって、彼らは地球の生物学的な質を変化させていくでしょう。しかし彼らのコントロールについて私たちができることはごく限られたものなので、カリブ諸島の住民が熱帯性のヒアリやその共生昆虫に対処したときと同様、彼らが去るのを待つしかないのかと思われます。十分な時間が経過してしまえば、彼らは、かつて自ら危機に追い込んだ生態系の生き残り部分の中で、あるいはそれに添って生きていくことになろうかと思われます。

侵入生物の勢いが落ちていく原因の多くは未解明のままです。彼らに対応していける寄生生物や捕食者、競争種の数や効果が増すということもあるでしょう。そのプロセスにはいったいどのくらいの時間がいるのでしょうか。遠い昔の正確な記録は残されていませんが、西インド諸島におけるアリ被害の例で見れば、少なくとも定常状態に近い水準に戻るのに、数年から数十年ということでしょうか。合衆国南部のガイライヒアリの被害は、侵入後六〇年を経て、沈静に向かっているようです。このケースでは、防除のための不断の努力が少なくとも地域的な効果は示してきたと思います。

長期的に見た場合、外来種の増加による最も警戒すべきインパクトは、地球生態系の均一化ということでしょう。在来種が減少し消滅して、他地域から侵入する外来の有力な競争種に置き換えられていくにしたがって、地球の生物多様性は減少し、同時に地域ごとの生活形の相違もまた薄れていきます。オアフ島の低地に広がる、ほぼ外来種ばかりで構成される熱帯林の中を、鮮やかな橙赤色の頭部の目立つ鳥が飛び交っています。それは、フロリダ州南部や本来の生息地であるブラジルで皆さんが目にするだろう鳥とまったく同一の種です。在来の植物を排除して、北米の池沼《ちしょう》地《ち》の草原を美しく飾るエゾミソハギ［パープル・ルーズストライフ］は、ヨーロッパを故郷として日本へ、そしてエチオピア、オーストラリア、ニュージーランドの各地に分布を広げている種とまったく同一のものですね。

生命圏の均質化は悲惨なものであり、それは私たちヒトという種にとっても大きなコストを伴います。未来はますますその方向へ進んでいます。それを食い止めたいというのなら、生物多様性について、またその至上の自然資源にいったい何が起こっているのか、もっと学ばなければなりません。我々人間と、そして他の侵入生物たちが、他の生命世界に対して、そして私たち自身に対して、いまいったい何をしているのか、じっくり考えてみようではありませんか。

訳注1▼実はこの表現自体がそもそも南部英語なのでおかしい。

第六章

二種の驚くべき動物について

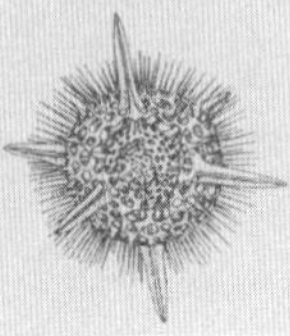

生きものたちの世界がいかに深く微妙なものか、生物学者たちの理解はさらに進んでいます。言葉や芸術でこれを十分に表現することはとても無理なことだと思われます。私たちの理解を超えた現象のことを奇跡というのであれば、すべての生物種はある種の奇跡です。ありとあらゆる生物は、それらを生み出した個別で具体的な条件のゆえに根源的に独自な存在であり、その特性を簡単には明らかにしてくれません。

クズリ

私はまだ野生のクズリをみたことがありません。見ないほうがよいとも思っています。北の森に棲むイタチに似たこの哺乳類は、凶暴で悪賢く、なかなか姿を現さない存在として伝説的です。体長三～四フィート［九〇～一二〇センチメートル］、体重二〇～四〇ポンド［九～一八キログラム］のずんぐりした体型をしたこの動物は、地上で最も小型な最強の捕食獣です。ネズミからシカまで何でも食べ、倒した獲物に近づくものは、クーガー［ピューマ］であれオオカミの群れであれ追い払ってしまうことがあり、自重の三倍もあるような獲物を運びさります。柔らかく厚い黒色の毛皮の持ち主ですが、ペットにしたいと思えるような動物ではありません。鋭い牙、捕食獣に共通の出し入れ可能な鉤爪、顔面は小さな熊の様相です。クズリはべた足で地面すれすれに身を低くして歩きます。身動きせずに立っているとしたら、前方に飛びかかる態勢でしょう。アメリカを代表するナチュラリストであるシートンは、一九〇八年、クズリについて以下のように書いています。

イタチを絵に描いてほしい。そう言われたらほとんど誰でも描

クズリ

くことが出来るのではないかと思う。破壊の小悪魔、動じない勇気の小塊、そして虐殺、不眠、疲れを知らない驚異の活動性。私たちは、そんなイタチにあったことがあるはずだ。その狂乱の小悪魔を五〇倍に拡大すれば、クズリに似た生きものの姿になる。

クズリには、デビルベア［悪魔のような熊］、スカンクベア［スカンクのような熊］、ケルクージュ［クズリを指すインディアンの言葉に由来するカナダ系フランス語］、グラットン［貪欲、へこたれず屋、などの意味がある］などという俗名があります。そもそも、*Gulo gulo*［gulo は大食漢という意味がある］という学名からして血なまぐさいものがありますね。これらの呼称は人々がクズリに感ずる距離感を示唆しているのではないでしょうか。加えて、野外でクズリを見つけるのは極めて難しいという事情もあります。クズリは単独行動性で、人を極端に避ける性質があるのです。彼らは広大な地域を放浪します。今日ここにいたかと思うと、明日は彼方。その翌日ははるか彼方、という具合です。

しかし、私がクズリとの遭遇を望まないのはその習性が荒々しいからというのではありません。クズリは野生の体現であり、クズリが徘徊する領域があるとすれば、そこには人跡未踏の地上の生息域があるとわかるからなのです。北米とユーラシアの広大な亜北極圏の森林帯、車や徒歩では到底到達できないようなその地域で、クズリはしっかり生き延びていくと私は確信しています。種を保護するために、野外生物学者たちはクズリの一般的な状況について掌握している必要はあるでしょう。しかしその生息域のなかには、狩猟者ばかりではなく研究者もまた進入禁止とされる遠隔領域が常設されるべきと私は希望しています。クズリの世界が、ずっとミステリーのままでありますように。

モンタナ州ミズーラにあるモンタナ大学を訪問中のある日のこと、ある生物学の教授から、興味津々の話を聞くことが出来ました。彼の近隣住民の一人が、庭にカメラトラップを仕掛けていたのだそうです。そのお宅は、ミズーラからロッキー山脈北部の樹林帯へと伸びつながっているラトルスネイク原生自然地区の境界真直に位置しているとのこと。カメラトラップは、獣道に仕掛けたワイヤーあるいは電子ビームに触れた動物の写真を撮影するように設定されています。人を避ける性質が強く、他の方法では捕捉の難しい夜行性動物の映像を撮るにはうってつけの方法です。その最近の数夜分の記録写真の中に、なんとクズリの映像があったというのです。カナダ領内の隠れ場所から、アメリカ本土側に放浪してくる個体がごくわずかいることはわかっていました。しかしそこで生きた姿を見ることは極限的に難しいことなのです。彼らがそこにいたとわかり、さらにはそれと気づかれることなく暮らしの近隣に出没する可能性があるとわかってしまうことは、とてもスリリングなことです。

この出来事は、環境倫理の分野においてグリズリーベア効果とよばれてきたものの見本です。

希少種の中には、オオカミ、ハシジロキツツキ〔一二四頁参照〕、パンダ、ゴリラ、ダイオウイカ、ホホジロザメ、グリズリー〔ハイイログマ〕などのように、ちょっと思いついただけでも個人的には決して出会うことはないと思われる生物がいます。しかし、私たちはそれらの動物たちを象徴として必要としています。彼らは世界の神秘を象徴しており、創造（the Creation）の王冠にちりばめられた宝石であり、彼らがそこに生き、健在であると知ることは、私たちの魂に、そして暮らしの全体性にとってとても重要なことなのです。彼らが健在であれば大自然も健在です。世界は安全であり、それは私たちにとっても良いことでしょう。新聞に以下のような見出しが走ったとして、そのショックを想像してください。

〝最後のトラ射殺、種は絶滅！〟

キッカイアリ属

「生きる種は傑作であり伝説である」というのが私の生物観です。そして出来ることなら、グリズリーベア効果が一部の小さな生物たちにも同様に適用されるのを、生きて確認したいと願っています。好んでそんな生物たちに注目するのは、もちろん後天的な好みの問題です。しかしそこに発する情緒的な効果もあると思うのです。私の大好きな小動物はキッカイアリ属のアリたちです。学名は「不思議なアリ」を意味するギリシャ語に由来しています。この属には、新世界の熱帯域の異なる地域に分布する十数種が含まれています。世界でも最も数の少ないアリ類といってよいでしょう。私は、この属のアリが発見される可能性のある地域に繰り返し調査に入りましたが、生涯を通じて採集できたのは、二個体だけ。一個体でも捕獲されれば、もちろんたいした人数ではありませんが、アリの研究者たちの間ではニュースです。コロニーが見つかったら、さらにドラマチックなニュースなのです。

キッカイアリ属は、森や畑の地中の巣から、におい物質を頼りとするアリ道をのばし、集団で出入りする普通のアリではありません。コロニーは一〇～二〇頭の小規模なもので、熱帯林の林床の朽ちかけた材の中に形成される不定形の巣にひそんでいます。働きアリたちはそれぞれ単独で狩にでます。アリ道はなく、獲物は、仲間の支援なしに単独で巣に持ち帰ります。

アリの目利きたちの世界でキッカイアリ属が有名なのは、希少だからではなく、その奇怪な形態のためです。その頭部は既存のどのアリとも完璧に異なっています。顔面は短く、正面はくぼんでおり、熊手のような形をした大きな顎がついています。熊手の歯に相当する部分はとても長

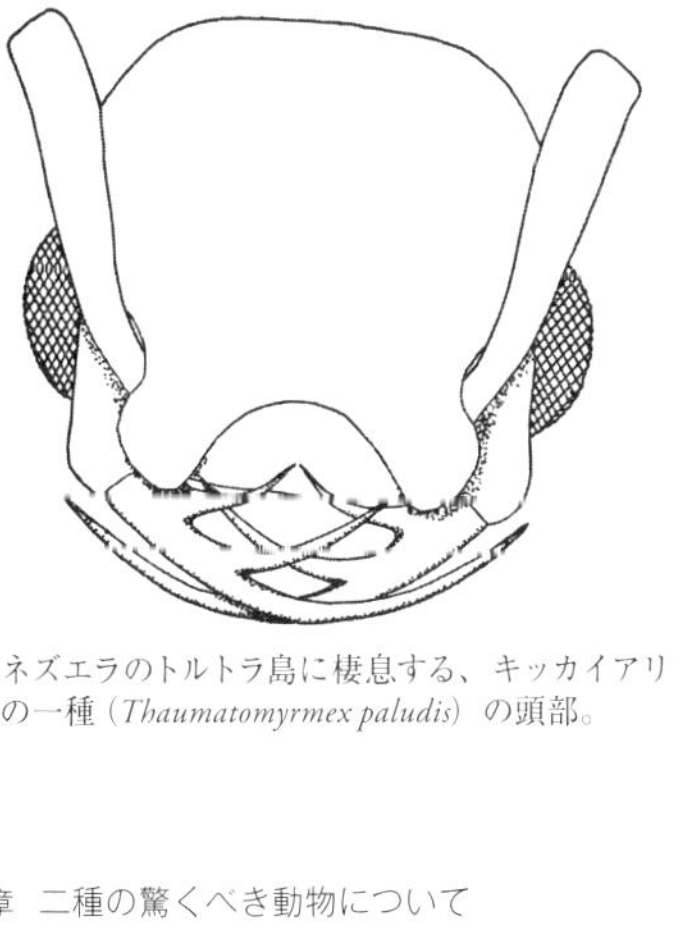

ベネズエラのトルトラ島に棲息する、キッカイアリ属の一種（*Thaumatomyrmex paludis*）の頭部。

く、大顎を閉じると、最も長い左右の歯は頭の反対側全体にそって湾曲し、外縁から突き出す形になってしまいます。この不思議な装置はいったいどんな機能を果たしているのでしょうか。これこそ注目の疑問です。アリ学者たちは、これまでにも不思議な形の顎を持つ多くの種類のアリを研究してきました。そのたびに、特徴的な形態は高度に特殊な目的のために役立っていることがわかってきました。グンタイアリの兵アリは、戦いのときに、鎌のような形の大顎を使用します。針のようにとがった先端部分で敵の皮膚を引き裂くのです。アマゾンに暮らすサムライアリ属のサムライアリは、他種の蛹《さなぎ》を強奪する奇襲攻撃のおり、軍刀のような大顎で防衛する他種のアリを殺します。いくつかの属のアリたちは、長く伸びた顎で餌生物を誘い、餌生物が近づくと動物をとらえる罠のように瞬間的に閉じて捕まえます。そのようなアリの一種では、もしアリが人間サイズなら、顎を閉じるスピードがライフルの弾丸よりも速いことがわかっています。顎を閉じる際のその速度は、体の大きさを勘案して計算すれば、動物界最速なのだそうです。

キッカイアリ属の大顎は以上のどの形態とも異なっているのです。いったい何の役に立っているのでしょうか。謎を解こうと、私は、以前昆虫学者が標本を採集したことのあるコスタリカの熱帯林を、四日間にわたって徘徊したことがありました。残念ながら作業は徒労に終わり、一頭の働きアリも見つけることができませんでした。そこで私は、アリの研究者仲間のニュースレター「地中からのノート」に、呼びかけ文を載せたのです。そのアピールで、天国の大熱帯雨林に旅立つ前に、アリについて知っておきたいことがいくつかあると書きました。心の平穏のためにぜひとも解いておきたい秘密の一つは、その熊手のような大顎で、キッカイアリ属はいったい何をしているのかということです。

呼びかけは成功しました。若手の科学者たちにとっては、年上の学者たちに手柄を見せることほど満足なことはありません。呼びかけてからさほどの間をおかず、ブラジルの二人の若い昆虫学者たちが、獲物を運ぶキッカイアリの姿を突き止めたのでした。彼らはアリが獲物を巣に運び込むまでの全行程を見届けたのです。後日、アマゾンのある地域でドイツの昆虫学者によっても追認されることになった彼らの発見は、以下のとおりです。

キッカイアリ属のアリは、フサヤスデ科のヤスデの専食者であることがわかりました。ヤスデ類（英語では一般に thousand legs［千本足］と呼ばれている）はキチン質の硬い背甲に覆われていて、アリなどの敵から身を守っています。しかし、フサヤスデ科のヤスデの皮膚は柔らかく、硬い背甲ではなく長い剛毛によって身を守ります。いわばヤスデ世界におけるヤマアラシのような存在なのです。つまり、キッカイアリ属のアリは、ヤマアラシハンターということですね。彼女らは熊手のような大顎の長い枝を剛毛の隙間に差し込み、ヤスデの体に突き刺して、巣まで運んでしまうのです。働きアリたちは、前足にある特殊なブラシを使って、鶏の羽をむしる農夫のように、ヤスデの剛毛を剝ぎ取ります。その後アリたちはヤスデを解体し、巣の仲間たちと肉片を分けあうのです。

最も偉大な歴史遺産

職業的であれ本気のアマチュアであれ、ナチュラリストたちには、クズリやキッカイアリ属のアリの場合と同様の、無数の驚異を経験します。それらの驚異は、科学としての重要性でいえば、些細なことからパラダイム転換にからむようなものまで、生きものの多様さでいえば、バクテリアからクジラ、藻類からレッドウッドまで、広範な領域に広がっています。身も心も冒険が好き、現実の世界での挑戦が大好きという人々にとって、大自然は地上の天国なのです。パストゥール、これについては、あなたも私も確実に同じ意見にちがいないと思います。パストゥールが、神の行為によって地球上に生きものたちが一気に創出されたと信じられるにせよ、あるいは数十億年の時間を経て進化してきたものという科学の証拠を受け入れられるにせよ、創造されたいのちある自然（the Creation）は、人間に与えられた理性それ自体を除けば、まさに最も偉大な歴史遺産なのです。

第七章 野生の自然と人間の本性

私たち人間の大自然とのかかわりは本源的なものです。大自然が人間に喚起する感情は、記憶の遠い彼方の人類の前史に形成されました。深く謎に満ちているのはそのためですね。それは、意識的な記憶からは消去されてしまう子ども時代の体験のように、誰もが感じていながら、明確に自覚されることはないのです。詩人たちは、人の表現能力の極地において、それに挑戦しています。彼らは、意識的な心の表層の下にうごめく、根源的で守られるべき何者かのあることを知っています。パストール、あなたと私が共有する精神性の中には、それによって喚起されているものがあるはずです。

その精神性は、独自の芸術と大自然を保全したいという衝動のようなものを生み出してまいりました。アメリカインディアンをめぐる最高の画家であるジョージ・キャトリン［訳注1］は、一八四一年のメモの中で、その創作への衝動を明解に記しています（＊5）。

大自然の造作の中には、開拓者の冷酷な斧や破壊の手にかかってしまう運命にある荒涼たる領域が多々ある一方、動物であれ人であれ、生きとし生けるものの領域には、賞賛せずにはいられない高貴な姿、美しい色彩の数々がある。文明化による改良と洗練の、圧倒的な大行進の只中にあってさえ、私たちは大自然の存在を愛し、原始の野生のままに留めたいと努力するのである。

人間心理に作用する本来の自然［原生自然］の誘引力のようなものを、現代風に一言で表現すると、バイオフィリア［biophilia　生命愛］とでも表現することができると思います（＊6）。生命あるいは生命類似のプロセスにつながろうとする生得的な傾向を指す用語として、一九八四年に私が定義した用語です。幼児期から高齢期に達するまで、人々は至るところで他の生物に惹きつけられています。生物の新奇さや多様性は敬意の対象です。エキゾチック［異国風の］という表現は、かつて、未知の生物のイメージを喚起するために力のあるものでした。そのイメージに惹かれて多くの旅行者たちが、名のない島々や、遠く離れたジャングルなどを訪れたのでした。今日では、未知の生物について無数のイメージを喚起する言葉として、エクストラ・テレストリアル［extra terrestrial　地球上のものとも思えない］という表現が究極の言葉になっています。生命の世界を探索し親しむこと。生物を感情のこもったたとえとして利用すること。そして生きものたちを神話や宗教に組み込むこと。これらはどれも、バイオフィリック［生命愛的］な文化進化の、明解な基本過程といってよいものでしょう。生命のプロセスに繋がろうとする傾向はさまざまな倫理的な影響をもたらします。人間以外の生命への理解が深まれば深まるほど、私たちの学習は、生命のさらに膨大な多様性の理解に向かい、それらの生物たちに私たちがさらに大きな価値をおくようになれば、必然的に我々人類自体へもさらに大きな価値をおくようになっていくことでしょう。

バイオフィリアと自然保全という双子のテーマを体系的に取り扱う新しい分野が、二つ登場しています。その一つである環境心理学は、人の心的な発達と環境の関係をあらゆる側面にわたって研究します。もう一つの保全心理学は、バイオフィリアのさまざまな側面に注目して、自然環境や種を保全するための最も効果的な方法をデザインできるよう手助けしようとする分野です（＊7）。

生きた自然の感受と人間の本性は、科学と宗教の場合と同じく、人の心的な発達の過程において統合されます。人間の自然との結び付き、そしてそれに由来して文化に流れ込む愛、芸術、神話、そして破壊性などは、本能と環境の相互作用の産物です。その遺伝的な部分のことを、人間の本性と呼んでいるのですね。

では、人間の本性とは、正確にはいったい何なのでしょうか。これは科学と、そして哲学の大問題の一つです。それは、人間の本性を規定する遺伝子そのものではありません。もちろん、インセストタブー〔近親相姦忌避《きひ》〕や、通過儀礼や、創造神話のような文化的普遍項そのものでもありません。これらは人間の本性の産物なのですから。人間の本性は、心的な発達にかかわる遺伝的なルールとでもいうべきものです。これらの規則は、細胞や組織、とりわけ感覚システムや神経システムにかかわる細胞や組織の形成にかかわる分子的経路の形で体現されます。ということは、心や行動を生み出す細胞や、組織にもその規則が及んでいるということです。それらの規則は、我々の感覚が世界をどのように感受するか、その偏りという形で体現されます。世界を対象化する際の言語やシンボルによるコード化の特性として現れてくるのです。発達にかかわるその規則は絶対的なものではありません。それは我々自身に開かれる各種の選択肢を発生させるものです。音楽は快適だが、子どもの泣き声は不快というように、ある選択を心地よいものとし、あるいは不快とするのはそんな規則の働きがあるのですね。

心理学者や生物学者たちによる発達規則に関する探求は、まだはじまったばかりです。しかしすでに知られている事例は、行動や文化にかかわる広いカテゴリーにわたっています。私たちは、網膜における視細胞の感受性と神経信号の伝達にかかわる生得的な識別能力に従って色彩を区別するのですが、その様式は発達の規則に左右されます。視覚的な配置への私たちの審美的な反応は、要素的な抽象図形や複雑さの度合いに左右されるというかたちで発達規則の影響を受けています。

　まったく別の領域からも例を引きましょう。私たちが忌避や恐怖を形成する容易さは、発達規則に規定されています。人々は、ヘビ、クモ、高所、閉所など、太古の人類にとって危険であったものを、いとも簡単に恐怖するようになります。しばしばたった一度の恐怖体験が、深い忌避感を作り出す引き金となってしまいます。地面で突然何かがうごめいてびっくりさせられただけで、ヘビへの恐怖が心に刻印されてしまうこともあるのです。私は、ヘビを捕まえて遊ぶのが大好きです。少年時代のナチュラリスト暮らしで学習した好みなのです。ところがクモに対しては軽い恐怖感があり、払拭《ふっしょく》できずにいます。八歳のとき、造網性の大型のクモの巣が、偶然体にからみついてしまった体

人類のほとんどの文化が、蛇への畏れやその力について、様々な表現を生み出してきた。図は、アンデスで見られる蛇猫人間。おそらくインカ神話の、アイ・アパエク（ペルー北部海岸のモチカ族の神）だと思われる。

験によるものです。私は洞窟探険も大好きで、閉所恐怖症はありません。しかし、少年時代に受けた手術の際、下手な麻酔を受けたことが原因で、腕を拘束された状態で何かに顔を覆われるという状況を想像しただけで、すくみあがってしまいます。全体的にみれば、私は恐怖症に関してはごく普通だと思っています。誰であれ、太古に起源を持つ忌避感にかかわる刷り込みの体験と歴史を持っているものです。そのような忌避をまったく感じないのは、幸運な、ごく限られた人々に過ぎません。

過去の危険と関連する事物には生得的な感受性を示すのに、人は、ナイフや、銃、自動車、電気のコンセントなど、現代生活の各種の危険物への恐怖を学ぶのが苦手です。進化の途上にあるヒトという種が、これら新登場の驚異への反応を脳の構造に組み込むにはまだ時間が足りないというのが科学者たちの見方でしょう。

バイオフィリアについてはどうでしょうか。人の眺望の好みに良い事例があります。北アメリカ、ヨーロッパ、アジア、アフリカを含む異なる文化の人々に、自宅や仕事場の環境を自由に選択させると、三つの基本特性をそなえた共通性のある環境を選ぶことがわかってきました（＊8）。

① 前方に開け、世界を見下ろすことのできる高台に住みたがる。

② 樹木や木立が前方に散在し、草原でも密林でもなくサバンナに近い展望のある公園的な眺め

を好む。

③湖、川、海などの水域の傍《そば》を好む。

休暇で過ごすだけの家屋の場合のように、これらの要素に何の使い道もなく、単なる審美的な条件に過ぎないとしても、余裕のある市民はそのために高い支払いをするものです。これだけではありません。選択テストの被験者たちは、背後に壁、崖、など何かしっかりした構造のある、やや奥に引いた感じの場所に住みたがるのです。その場所から、実り豊かな大地を展望するのが彼らの希望です。そこには、野生にせよ家畜にせよ、大型の動物のいることが好まれます。彼らはまた、低い位置に水平の枝を張り、切れ目の入った葉を茂らせる樹木を好みました。私もそうなのですが、世界で最も美しい樹木は日本のモミジであると感じる人々がいるのは、偶然ではないのだろうと思います。

人間の本性のこれらの癖のようなものは、ヒトはサバンナで進化したというサバンナ仮説を証明するわけではありませんが、その仮説と整合的とはいえるものです。サバンナ仮説によれば、人類は今日もなお、ヒトという種が数百万年にわたるその前史において進化の地となった、アフリカと似た生息地を好んでいます。その解釈は化石記録の証拠などからもかなりのサポートを受けています。人類の遠い祖先たちは、雑木林のような森に潜み、そこからサバンナや遷移途上の樹林地を展望することを好みました。大地を見渡して、追跡すべき獲物や、漁《あさ》る対象となりそうな動物の遺骸、採集の対象となる食用植物、そして回避すべき敵生物などを探すのですね。近くにある水辺は、テリトリーの境界として、あるいは補助的な食物確保域として役立ちました。

私たちは自らの生得的な好みをしっかり自覚しているのが普通です。しかし自分や他者がどうして同じように感じるのか、その理由についてはほとんど考えてこなかったと思います。優れた著述家であり、出版者であり、『サイエンティフィック・アメリカン』誌の創始者でもあるジェラルド・ピエルのお宅で、一度、食事をともにしたことがあります。私の知るところ、彼は、遺伝的な人間の本性という考え方には否定的でした。しかし、彼とマンションのバルコニーに出てみると、そこには鉢植えの潅木《かんぼく》が並び、数十階の下方を見下ろせばセントラルパークの森と、サバンナ風の緑と、貯水池が広がっていました。私にとってそれは大変に愉快な時間になりました。その眺めがマンションの商品価値を多いに高めていることに疑問の余地はないでしょう。それはアフリカに暮らした太古の祖先たちの好みの賜物《たまもの》なのです。

人間の本能の中に、すみ場所選択の少なくとも残滓《ざんし》があるというのは、驚くべきことでしょうか？　適切な環境を選択するための遺伝的にプログラムされた探索が、動物に共通の普遍的な性質であることは、極めて理にかなったことと思われます。生存と繁殖にとって、それは至上命題だからです。

動物のすみ場所選択に関して、昆虫学者の私が最も気に入っている例は、ゲンゴロウの仲間の水生昆虫の卵に寄生する、微小サイズのホソハネコバチ〔体長約〇・二ミリ〕の行動です。あちこち飛び回り、適当な場所で交尾を済ませると、メスは獲物を探しはじめます。獲物となる卵のありそうな水たまりの水面に降りると、表面張力を頼りにまずは体を支えます。ついで脚を使って掘るようにして表面張力を破り、水中に入ります（あまりに軽いので潜水はできないのです）。ついで翅《はね》をオールのようにして水底に向かいます。水底に着くと、卵を産みこむためのゲンゴロウ類の卵を、真珠探しの潜水夫のように探しまわるのです。ホソハネコバチは、これらすべての行動を、とがったペン先のドットほどの脳によって実行するのです。

人類に話題を戻すと、太古の祖先たちの暮らしの世界に関連する学習規則が、過去数千年の年月ですべて消去されているなどということがあれば、それこそ驚くべきでしょう。人間の脳は、

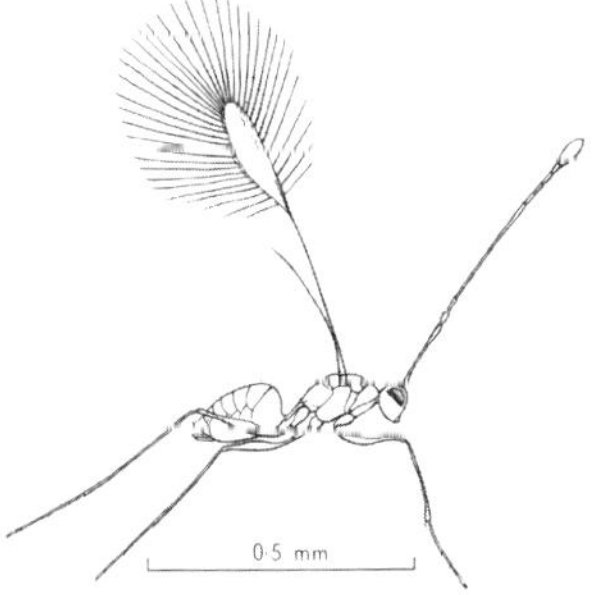

ホソハネコバチ

かつても、また現在も、白紙ではないからです。

我々の遺伝子には依然として自然の世界が埋め込まれており、根絶できないのだとすれば、その効果は、すみ場所の好みだけではなく、精神的・肉体的な健全さの他の領域にも及んでいるのではないか、確認が必要です。心理学者たちによれば、人は自然的な環境、特に公園やサバンナのような光景を目にするだけで恐れや怒りの感情がおさまり、気分が穏やかになることがわかってきました（＊9）。手術後の患者に関するある研究によれば、術後に外部の木々を見ることのできた患者は、その他の点では同様な取り扱いを受けたものの建物の壁しか見ることのなかった患者に比べ、痛みや不安にかかわる治療の必要が小さく、回復も早かったということです。同様にして、監舎に収容されている囚人についても、近隣の農地を見渡すことができた囚人の方が、刑務所の光景に閉じ込められていた囚人よりも、不調を訴える率が低かったとの報告があります。会社員についても、外に自然的な環境を展望できる場合の方がストレスが少なく、仕事の満足度も大きいとの報告があります。

歯科治療中の患者についても、自然の景色を見ることができた患者は血圧も不安の度合いも低かったという報告があります。これも人間のすみ場所選択仮説を支持する、更なる事例かもしれません。精神的な障害のある市民が、各種の壁面アートを目にすると、自然環境の描画に最も好感を示すこともわかっています。壁面アートに対して患者たちが示した攻撃に関する過去一五年の記録を見ると、攻撃はすべて抽象画に向けられており、写実的な自然描画への攻撃は皆無でした（抽象画家のみなさん、怒らないで！　この報告は批判ではありません。みなさんの主たる目的が心の平安そのものであることを私はよく知っております）。

以上に紹介したいくつかの証拠、さらにはこれまでに提示されている同様の重要な証拠は量的にもまだ少なく、散発的なものではあるのですが、人間の本性のかなりの部分は、ヒトという種が人間以外の生命世界と親密に暮らしてきた長大な時間に、遺伝子に刻印されてきたものであることを示唆しています。しかし現代を生きるほとんどの国々の人々は、そんな結び付きについて、まだほとんど配慮もしていません。人々は他の生命を限界にまで押しやっています。個人的な関心事のランクにおいて、それはずっと下の位置におかれたままです。しかし、人間の本性に関する科学的な研究と、生きた大自然に関する科学的な研究がともに進めば、人間の自己イメージの形成を左右するこれら二つの力はやがて統合されていくはずだと、私は確信しています。やがて私たちの倫理の中心領域に変化が起こり、私たちは、人間だけでなく、すべての生命をいつくしむようになっていくことでしょう。

訳注1▼画家として有名なジョージ・キャトリン（George Catlin）は、一八三二年に、先住民や野生動物などをそのまま自然の状態で保護する国家公園（nation's park）の必要性を訴えている。

第二部　堕落と救済

人類は創造されたいのちある自然(the Creation)を無知と陶酔によって破壊し続けている。しかしまだ時間はある。未来の世代に引き継ぐべき自然界を守っていくスチュワードシップ[神から信託された保護者としての責務]を引き受けていこう。

II Decline and Redemption

Blinded by ignorance and self-absorption, humanity is destroying the Creation. There is still time to assume the stewardship of the natural world that we owe to future human generations.

第八章

地球の窮乏化

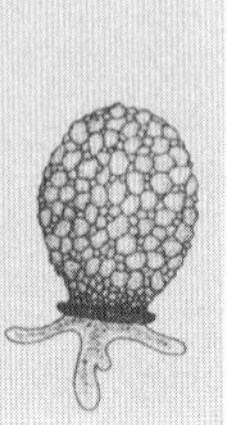

パストール。ご存知のことと思いますが、化石の証拠と科学者の最も正確な計算によりますと、最後の恐竜たちが突然地上から消えたのは、六五〇〇万年前のことです。恐竜たちの絶滅は、黙示録に匹敵する環境ハルマゲドンの一幕でした（＊10）。巨大な隕石が、燃えながら大気圏に突入し、地表に衝突したのです。現在のメキシコのユカタン半島の近傍です。そのインパクトで、周辺の海岸には巨大な津波が押し寄せ、大量の塵《ちり》が大気圏に舞い上がりました。インパクトで地殻は鐘のように振動し、世界中で火山の爆発が起こりました。噴煙は天を曇らせ、地球の気候を変えました。これらの効果が重なって、大半の動物と植物にとって大地と海は生存不能の領域となってしまいました。科学者たちはこの出来事をもって、爬虫類の時代であった中生代の終焉、そして哺乳類の時代である新生代の幕開けとしたのでした。

中生代末のこの突発的な絶滅には先行事例がありました。それ以前の四億年の地球史において、それは第五番目の大絶滅だったのです。それらの大絶滅の間には規模の小さな絶滅が多数ありました。しかし、それらの五回の大絶滅こそ、地球の生命の歴史を作り上げたものだったのです。

そしていま、第六の突発的な大絶滅が始まりました。今回は人類の活動が原因です。宇宙的な動乱で口火を切られたのでないとはいえ、その潜在的な破壊性は先行した絶滅劇と差がありません。専門家チームが二〇〇四年に実施した推定によれば、もし気候変動が緩和されないなら、二一世紀半ばまでの間に地上の動植物の四分の一を絶滅させる主要な要因となります。

地上から抹消された生物のリストはすでにかなりの長さです。大出血を止めるために「絶滅危惧種に関する法律」を米国議会が可決した一九七三年以降、すでに一〇〇種を超えるアメリカの生物が姿を消しました。この中には、プエルトリコ産で樹上性のジャスパーコヤスガエル、カリフォルニアのミヤマシジミ属の一種、合衆国東部に分布した渡り鳥であるムナグロアメリカムシクイ、グアム島に固有だった色彩鮮やかなミツスイを含む地上性の野鳥三種のすべてが含まれています。

過去四半世紀の間に絶滅した野鳥の種数を比べると、アメリカ合衆国は世界一です。その数は九種、あるいは、そのうちの二つのタイプを種ではなく単なる地理的な亜種と判断すれば七種となります。そのほとんどは、アメリカの「絶滅首都」として悪名をはせ、地球全体で見ても生物学的に最も激しい撹乱を受けているホットスポットであるハワイ州が現場です。すべての動植物を含めて比較すれば、アメリカ合衆国に匹敵するか、あるいはこれを凌駕《りょうが》する絶滅数を示す国は多数にのぼるはずです。たとえば、マレーシア半島部では、純淡水性の魚類二六六種が絶滅しました。フィリピン諸島のラナオ湖では一八種の固有種のうち一五種が絶滅しています。アフリカのビクトリア湖では五〇種のカワスズメ科の魚類が絶滅しています。

地球の生物多様性の目下の減少は、人間活動によって昂進されている複合的な要因の意図せざる帰結です。それらの要因は、その破壊性の強さの順に、頭文字をならべて、ＨＩＰＰＯ「カ

シャウスアゲハ(*Papilo aristodemus ponceanus*)は絶滅の危機に瀕した種。フロリダ・キーズ(南部諸島)のひとつの島にしか棲息していない。

バの意味」と要約することができます。

H…**生息地**（Habitat）の消滅。これには人間由来の気候変動を原因とするものも含まれます。

I…**侵略種**（Invasive species）による撹乱。捕食種、病害種、在来種を駆逐してしまうような優占的な競争種などを含む、外来の有害種です。

P…**汚染**（Pollution）による環境破壊。

P…**人間の人口過剰**（Population）。他の四つの要因の共通の原因となるものです。

O…**過剰収穫**（Overharvesting）。狩猟、漁獲、採集などです。

ある種が、絶滅に向かって減少していく場合、一つでなく二つあるいはそれ以上の要因が関与するのが普通です。たとえば底引き漁による漁獲過剰（O）は、同時にタラやハドックが頼りとする海底の生息地の破壊（H）をもたらします。絶滅危惧状態にある鳥やその他の生物が生息地の破壊（H）によって単一の小個体群にまで追い詰められてしまえば、侵略的な捕食者や病害生物（I）、汚染（P）、あるいは過剰収穫（O）などの要因の影響をさらに受けやすくなってしまうでしょう。保全生物学の主要な仕事は、これらの悪性の要因を分離し、それぞれの重要さを評価し、無効にすることに向けられます。

温帯地域と熱帯地域では、生物多様性の消失に大きな相違があります。第一に、これまで知られるかぎり、生物多様性の過半は熱帯に存在します。地球の動植物の半数以上は、熱帯雨林に局限されているのです。消失のパターンそのものも異なります。過去二〇〇〇年についてみると、森林伐採はまず温帯諸国で厳しいものとなりました。それは中東地域に始まり、地中海地域からヨーロッパに広がり、北アジアそして北アメリカに及びました。そして二〇世紀に至り、森林破壊はついに熱帯林を覆うことになるのです。

いま、温帯林では、限定的ではありますが、再生が始まっています。ヨーロッパ、北アメリカでは一九九〇年代に、平均して

最近絶滅した、ニュージーランドのヤブサザイ（Slender Bush Wren）。最後の群れは、1970 年代にネズミによって、絶滅に追いやられてしまった。

一％の森林増加が見られています。しかし熱帯林は減少が続いています。同時期の減少は七％に及んでいます。一九七〇年から二〇〇〇年にかけて、温帯の草原地帯では、耕作可能地域の開発が進むのに伴って、一〇％の人口減少が起きています。同じ時期、熱帯の草原地帯では、温帯地域をはるかにしのぎ、人口減少が八〇％という驚くべき率になっています。

淡水の生態系は、森林や草原よりもさらに大きな圧迫を受けています（＊11）。人間の利用する淡水の総量は、蒸発や植物による蒸散で大気中に移動する水の四分の一、河川その他の自然経路を通した流出の半分以上に達しています。私たちは、アメリカの大平原や、中国の黄河流域、さらにはサウジアラビアの砂漠の灌漑《かんがい》地帯に至るまで、世界の各地において地下帯水層を急速に枯渇させています。二〇二五年には世界人口の四〇％ほどが、慢性的な水不足に悩む国々に暮らすことになる可能性があります。海を含む地上のすべての水のうち、淡水の比率は二・五％に過ぎず、しかもそのほとんどは、氷冠《ひょうかん》に封じ込められているのです。

そういう事情があるので、単位面積あたりの絶滅危惧種発生率が最も高いのは、淡水生態系であることに驚きはないと思います。淡水生態系は、既存の魚種二万五千種のうち一万種が淡水魚であることを含め、地球の生物多様性の大きな部分を支えています。中国では、五万キロに及ぶ主要な流れの八〇％が、主として汚染が原因で、もはやどんな魚も生息不可能な状況となっており、世界の多くの河川が同様の運命に追い込まれつつあります。中央アジアのアラル海の運命をたどろうとしている湖も少なくありません。アラル海では、一九六〇年から二〇〇〇年にかけて面積が半減しました。綿花栽培などのための灌漑用水を利用するため、流入河川であるアムダリア河、シルダリアの河がせき止められてしまったためです。塩分濃度はほぼ五倍にも増加し、漁業は崩壊しました。これら二河川のデルタ地域から、一五九種の鳥類、三八種の哺乳類が姿を消しました。これらもアラル海の大破壊に伴うものです。

熱帯の浅海《せんかい》では、生物多様性に富んだ「海の熱帯雨林」とも呼ばれるサンゴ礁が、温暖化や、汚染、ダイナマイトを利用した漁獲による破壊、人工的な水路造成による分断、建築資材入手のための掘削などによる破壊により、世界各地で縮小しています（＊12）。ジャマイカなどカリブ諸島では、周辺のサンゴ礁が大規模に消失してしまった島々があります。世界最大かつ最もよく保護されてきたはずのオーストラリアのグレートバリアリーフでさえ、一九六〇年から二〇〇〇年の間に、五〇％も面積が減少しているのです。全体的に見ると、世界のサンゴ礁のうち、すでに消滅したものならびに回復不能な損傷を受けていると判断されるものがあわせて一五％に達しており、現状の縮小傾向が続けば、今後三〇年のうちに、さらに全体の三分の一が失われてしまう可能性があります。

遠隔探査や地上での調査を行えば、生態系の破壊はある程度の精度で測定できますが、種の絶滅を推定することは極めて困難です。絶滅とは、あらゆる地域において、その種の最後の個体が消滅するということです。大型の鳥類や哺乳類、特に動きが遅く味が良いなどという種類は、他の生物に比べて絶滅しやすい傾向があります。マダガスカルのグレートエレファントバード、ニュージーランドのダチョウによく似たモア、北米産の体重一〇キロを超える哺乳類の過半は、そのような特性ゆえに絶滅してしまった例ですね。一、二本の流れにしか棲まない淡水魚なども同様に絶滅しやすい傾向があります。昆虫のほとんど、ならびに他の小型生物では、いまだに種の同定自体が困難であり、正確な個体数調査もできない状況です。とはいえ生物学者たちは、いくつかの間接的な手法を活用して、少なくとも陸上ならびに淡水生態系における現状での絶滅率は、現生人類［ホモ・サピエンス］が登場した一五万年より以前の段階に比べて一〇〇倍ほどの高さではないかという点で見解が一致しています。ただしこの数値はオーダーレベルの推定値［一〇の一乗でも三乗でもなく二乗の前後という予測］なので、五〇〜五〇〇くらいの幅のあるものです。その率は、今後さらに上昇していくに違いありません。現在絶滅危惧の位置にある種が死滅し、さらに一部の生態系の最後の断片が破壊されて固有種が壊滅してしまえば、推定値は、一〇〇〇倍から一万倍に達するに違いありません。

保全生物学者たちの間では、近年、世界の両生類の危機に特別の関心が寄せられています。カエル類、ヒキガエル類、サンショウウオ類、それにヘビのような体形をした熱帯性の少数種で構成されるアシナシイモリの仲間を含むこのグループには、世界で五七四三種が知られています。過去三〇年、このグループは顕著な衰退を示しており、専門家たちは、生物多様性の未来にわたる衰退の前兆と考えています。

両生類の危機の最初の兆候が、世界各地で相前後して感知されたのは一九八〇年代のことでした。続く一九九〇年代、特にカエル、ヒキガエル類の絶滅は大きな環境問題と認識されるようになり、「両生類の減少（Declining Amphibian Phenomenon）」という特別の呼び名も登場しました。二〇〇四年には、両生類の専門家の国際チームが、数年来の調査の結果を報告しました（＊13）。それによると、世界の爬虫類の絶滅危惧率は一二％、鳥類では二三％、哺乳類でも二三％なのに対して、両生類では三二・五％に達しています。その中には、国際自然保護連合の発表しているレッドリスト［絶滅危惧種リスト］の、「絶滅危惧」に指定されている種類がたくさんいます。絶滅の確認された種は三四種、そのうちの九種は、一九八〇年以降に絶滅しています。確証はされていませんが、一九八〇年以降、恐らくは絶滅したものと判断される種が一一三種に達しています。これらの種については この間、捕獲個体の記録がないのですが、発見なしとの調査結果が長期にわたってからでないと、正式に絶滅とは判定されないのです。

現在進行形の、生物的大崩壊とでもいうしかないこの事態を最も鮮明に例示しているのは、ハイチの両生類のケースでしょう。カリブ海に浮かぶこの小国では、森は一％を残して破壊され、大小にかかわらずすべての河川は汚染されてしまいました。かつて生い茂る熱帯の景観と豊富な動植物相で高く評価されたこの国で、現在五一種の両生類のうち、四七種の生存が危機に瀕しているのです。危機にあるこれらの種のうち、全体の三分の二に相当する三一種が、近い将来に完全絶滅する状況にあるとされ、「絶滅寸前（Critically Endangered）」のカテゴリーに分類されています。ちなみに、残りの種のうち、一〇種は近い将来において絶滅する可能性が高い「絶滅危惧（Endangered）」、五種は「絶滅の可能性が増大しつつある種（Vulnerable）」と判定されています。

ハイチの両生類の減少については、生息場所の破壊と汚染が、明白かつ第一の原因です。人間由来のこれらの破壊要因は、単独で、あるいはさらに他の要因とも連関して作用しています。すべては人間の活動の意図せざる結果です。合衆国西部、スペイン、西アフリカ、インドネシアなどでは、生息場所の破壊が、両生類の減少、絶滅の主要な原因となっています。中央アメリカの山岳地帯やブラジルの大西洋岸森林では、生息場所の破壊が、気候変動のわずかな影響によってさらに悪影響を与え、主要な原因となっています。中奥アメリカやオーストラリア北部の熱帯域では、致死性のカエルツボカビの蔓延が危機的な要因ともなっています。一方、東南アジアの大陸部では、カエルの捕獲過剰が、危機の主要な要因です。

セサミ・ストリートでおなじみの、カーミット・ザ・フロッグ［訳注1］は病気なのです。状況を一言で言えばそういうことです。程度はさまざまであれ、他の生物世界も同じ状況にあります。

私たちホモ・サピエンスも同じ運命でしょうか。どちらかはまだわかりせん。しかし、私たち自身が実は地球の現在における巨大隕石なのであり、カンブリア紀から現在に至る顕生代の歴史における第六番目の絶滅を開始させているということに、疑いはないのです。いま私たちは、私たちをひきつぐ子孫たちに、不安定で喜びの少ない世界を作り出しつつあります。子孫たちは、私たち以上に生命を理解し、愛することになるでしょう。そうなれば、祖先たちのことを名誉あるものとして思い返すことなどないのでしょう。

訳注1▼アメリカでは、世界一有名で、知的で、ユーモアにあふれたカエルと言われている。

第九章　否定とそのリスク

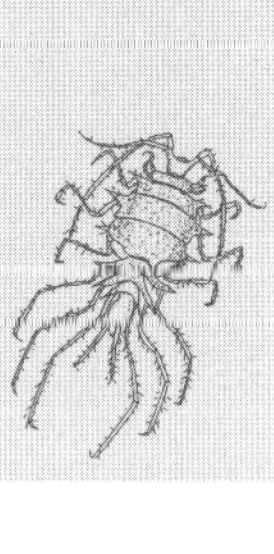

パストール、私が最も恐れるのは、創造された生きた自然［the Creation 被造物］への破壊に、ほとんど何の危険も感じないような、宗教的・世俗的なイデオロギーの結びつきが蔓延していることです。以下は、生物多様性にほとんど重要性を認めず、人は大自然をますます離れてこそ益多い者なのであり、自然に向けて次元上昇［アセンド］するようなものではないとする意見を持つ牧師がいれば、こんなスピーチもするだろうと想像して、私が創作したものです。

兄弟姉妹、やがて地上から消えていくものたちのために、嘆くことなかれ。生命は変化です。絶滅もまたときにはよきものです。私たちは生命の新たな次元として、人を祝福しましょう。「略取」された地球を、新しい生命圏として祝福しましょう。進歩の障害となる種は消滅するにまかせましょう。人の登場する以前も、生態系と種の変転は通常のことでした。人のさらなる利益のために、世界の生物多様性が貧しくなることがあるとしても、私たちヒトという種に危険はありません。資源が枯渇すれば、天才的な科学技術者たちが、新たな資源を見つけるでしょう。

善き人々よ、宇宙に目を向けましょう。天国を見上げましょう。絶滅した動植物を、未来世代への苦き遺産と考えるのはやめましょう。わたしたちは、歴史的な建造物を保存するのと同じように、過去の形見として、自然公園を保存することができます。高度の生物工学的な技術によって新しい生態系を創造し、人の力で創造された生物種をそこに棲まわせることもできるでしょう。どんなにすばらしい生物が創造されていくか、まだ私たちは知りません。それはかつてないほど審美的な魅力に満ち、多方面で有用な、技芸の産物となることでしょう。古く、原始的な環境は、人の手によって作り出されるはるかに優れた環境に置き換えられていくのです。完全に人間化された環境、人間が自分自身で作り上げるパラダイスのもとで、かつてない繁栄を果たすこと。それは私たちの未来技術によって可能なことであり、神の摂理にもかなうことです。それが私たちの定めなのです。来たるべき世代、人々は在庫の化学物質を利用して薬剤を合成するようになるでしょう。遺伝的に改良された数十種の穀物種から食料を生産するようになるでしょう。持続可能なエネルギー資源をコンピューターで管理することによって、大気も、気候も制御されるようになることでしょう。この古き地球は、これまで数十億年（これは、六千年とするのが望ましいと言われるかもしれませんが）の間そうであったと同じように、自転を続けていくことでしょう。しかし、地球というこの惑星は、比喩ではなく、文字通りの存在として、宇宙船になっていくのです。宇宙船地球号の操縦室には、人類の最も優れた人材が配され、モニター画面を見つめ、ボタンを押し、私たちの航行を安全なものとしてくれることでしょう。

ここにあるのは、地上で特別の位置を占める人間は、大自然の法則の外にあると考える、人間特例主義の哲学です。人間特例主義は、以下の二つの、いずれかの形をとります。第一の形は、先に例示したような、世俗的な形式です。コースを変える必要はない、人間の天才が解決策を見出していく、という考え方です。第二は宗教的な形です。コースを変える必要はない。何にせよ、私たちは神の手の中、あるいは神々の手の中、地球という業の中にあるのだと考える形式です。

人間の運命に関する無邪気な確信は、幾重にも否認を重ねて、他の生命を無視していきます。第一の人間特例主義はいいます。なぜ思い悩むのか。絶滅は自然ではないか。数十億年にわたってさまざまな生物が死滅してきたが、生命圏に明白な被害はなかったのではないか。新しい種が絶えず生まれ、絶滅種に置き換わってきたのだと。

この意見はそれ自体としては正しいものです。ただし、一つ恐るべき見落としがあります。

ほぼ一億年ごとに地球を襲った、大型隕石の衝突や大規模な天変地異を除けば、現在人間が加えているような大破壊をかつて地球は経験したことがない、ということです。現状における地球規模での生物の絶滅率は、現状における地球規模での生物の種形成速度を、少なくとも一〇〇倍の規模で上回っています。絶滅率はやがて現状の一〇倍規模になっていくでしょう。進化の生ずる場所の減少によって種の形成速度は減少していきます。地上の種の数は急減していきます。人間にとって意味のある長さの時間経過のうちに、生物多様性が元のレベルに戻ることはないでしょう。

否認の第二の段階は、「そもそもこれほど多くの種がどうして必要なのか」という質問に象徴されます。生物多様性の大半は、虫や、雑草や、カビではないか。何故心配する必要があるのか。人間特例主義を信奉する宗教的な学者なら、ヒメミミズ類、線虫類、ワムシ類、顎口動物、サラダニ類など、科学が発見している膨大な数の新種については、聖書に記載すらないと強調するかもしれません。これらの小動物を見過ごすのは簡単です。ほんの一世紀前、まだ現代の自然保全運動が始まる以前の段階では、地域固有の鳥や哺乳類が同じように無視されていたことも忘れられがちなのですから。数億羽もいたと思われるリョコウバトの個体群が消滅するのに、四〇年しかかかりませんでした。かつて果樹園の害鳥として多数が生息していた、赤と緑の美しいカロライナインコは、すでに記憶の世界に退いています。北米のアメリカバイソンと、ヨーロッパの近縁種であるヨーロッパバイソンは、かつて、あと数百発もライフルを射撃されれば絶滅という限界まで減少したことがあります。いまは回復が進んでいますが、まだ一部地域に過ぎません。人間の欲望の意図せざる帰結として、これらの事例において私たちが何を失い、何を失いかけたのか、いま人々は理解しています。時が経てば人々は、いまは注目の外におかれている他の生物たちについても同様にその価値を認めるようになることでしょう。

生物学者たちは、これらの一般にはあまり目立たない生物たちが、まったくの無償で、人間の住める状態に地球を維持してくれていることを明らかにしています。この知識はやがて広く人々に共有されていくでしょう。どの生物も、自然環境の中のニッチ［生態的な地位］にみごとに適応しており、進化の傑作というべきものです。私たちの周囲に生き延びているこれらの種は、数十億年の歴史を生きています。これらの生物たちの毎世代厳しい自然選択のテストを経てきた遺伝子には、誕生と死の無数のエピソードを通して記された遺伝暗号が書き込まれています。軽率にそれらを消去してしまえば、人類の記憶に永久に付きまとう悲劇となることでしょう。

以上が承認されたとしても、第三の否認の段階が待ち受けていると予想できます。そんなに焦ってなぜいま、生物多様性をすべて保全しなければならないのか。私たちにはもっと重要なことがたくさんあるのではないか。経済成長、仕事、軍事防衛体制、民主主義の拡大、貧困の緩和、医療の優先度のほうが高いのではないか。すべての種について生きた標本を集め、動物園、水族館、植物園などで繁殖させて、後日、野生に戻せばいいのではないか。確かにこの方法は最後の手段の一つです。事実この方法で、絶滅の瀬戸際にあった動植物が救われた例もあります。成功事例は祝福と賞賛に値するものです。少し脇道にそれますが、それらについてお話しましょう。最も劇的なのは、ニュージーランドの東にあるチャタム諸島におけるブラックロビンの例でしょう。かつては多数生息していたブラックロビンですが、入植者たちが持ち込んだネズミと野猫によって、一九八〇年までにひと番《つがい》まで減少してしまいました。しかし、オールドブルー［写真］、オールドイエローと名

オールド・ブルー
チャタム諸島で最後まで生き残ったチャタムブラックロビンの雌。いま生き残っている同種の全個体の祖先となった。

付けられたペアーが飼育され、繁殖に成功して雛を育てあげ、その子孫たちがチャタム諸島の二つの島の本来の生息地に放鳥され、増加しています。これは保全生物学における最新のニュースです。

聖書のラザロのように復活を遂げた〔訳注1〕第二番目の例は、インド洋の孤島、絶滅をめぐる世界の象徴ともなっているドードーがかつて生息していたまさにその島に固有の、モーリシャスチョウゲンボウの回復です。殺虫剤による環境汚染が原因で、モーリシャスチョウゲンボウの個体群は、一九七四年の時点で四羽まで減少してしまいました。チャタム諸島におけるブラックロビンのケースと同様、ここでも最後に残った鳥を飼育条件で繁殖させることができ、現在はその子孫たちが、同島の谷間にそって残存する樹林で狩をしています。ラザロのように復活を遂げた種は他にも例があります。アメリカの鳥の中で最大の翼幅《よくふく》をほこるカリフォルニアコンドルも、飼育条件下での繁殖の後、グランドキャニオンの自然地に戻されています。中国北東部の湿原・森林地帯に暮らしていた美麗なシフゾウは、狩猟によって絶滅の危機に瀕したのち、現在は動物園や公園で飼育されています（近く、元の生息地にも放されるとのことです）。ハワイ諸島のレイサンマガモは、七羽の状況から、現在五〇〇羽の成鳥を擁するに至りました。北米ハートランドの荘厳な存在であるアメリカシロヅルは、一九三七年には一四羽まで減少して絶滅不可避かとも思われましたが、いまは二〇〇羽を超える個体群に回復しています。

合衆国南部に生息する巨大で派手なキツツキの仲間であるハシジロキツツキも、ラザロのように復活の期待される種として、すでに世界に知られるようになりました。地元で「神の鳥」（最初に出会った住民が、「神よ、いったいこの鳥は何者ですか？」とでも口にしたのが由来だろうと思われます）ともよばれる本種は、一九四四年、ルイジアナ州のシンガー地域が新たに伐開された折に目撃された個体を最後として、絶滅したと思われていました。野鳥観察家たちはその後も、ハシジロキツツキが好んだ生息環境であるミシシッピ河周辺の低地帯に広がるナラの原生林の残存する地帯で、探索を行い

ハシジロキツツキ

ラナイヒトリツグミ	olomao	1980
マリアナガモ	Mariana mallard	1981
マリアナヒラハシ	Guam flycatcher	1983
カウアイヒトリツグミ	kamao	1985
オアフクリーパー	Oafu alauahio	1985
キモモミツスイ	Kauai'oo	1987
ハマヒメドリの亜種	dusky seaside sparrow	1987
キガシラハワイマシコ	ou	1989
カオグロハワイミツスイ	poouli	2005

過去四半世紀の間にアメリカ合衆国から消滅した野鳥

ました。目撃のうわさは時々ながれたのですが（そのたぐいの話はナチュラリストの大好物です）、確証には至りませんでした。やがて希望は遠のき、ハシジロキツツキは鳥類学の聖杯、熱狂的なファンたちだけが追い求めるばかりの伝説的な存在になっていったのです。しかし、二〇〇五年の春、電撃的なニュースが届きました。その前年、アーカンサス東部、キャッシュ川野生生物保護区の氾濫原《はんらんげん》の森林で、オスが一羽目撃され、しかも続いて八回も専門家たちに目撃されていたというのです（＊14）。撮影されていた写真とビデオの映像には、とがった赤色の冠羽《かんう》と白色の初列風切羽《しょれつかざきりばね》がくっきり写っていました。本種は、ひと番《つがい》が暮らすためには五～一五平方マイルの現生林が必要なので、生存数は極めて限定されていると思われます。最も楽観的に予想すれば、キャッシュ川野生生物保護区に、二〇～六〇番《つがい》の生存が期待されます。しかし、二〇〇五年の今日に至るまでの目撃例は、すべて同一個体だったのかもしれません。

最後の望みをかけた努力が成功する事例や、絶滅したと思われていた種がときに再発見される事例があるからといって、生物多様性の失われた部分の多くが、大自然のために私たちが残したキャッシュ川野生生物保護区のようなわずかな領域に、賑やかに戻ってくるなどと勘違いはしないでください。これを銘記していただくために、過去四半世紀の間にアメリカ合衆国から消滅した野鳥のリストと、最後に目撃された年の一覧を表に列記しておきましょう［前頁］。ほとんどは島嶼《とうしょせい》性の野鳥です。マガモとスズメについては亜種以下のレベルの差である可能性があります。

以上の種のほとんどは、ハシジロキツツキとは異なり、元来、狭隘《きょうあい》な地理的空間を生息域としているため、なお生存しているという可能性は低いものと思われます。

絶滅の危機に瀕している種の回復が成功する可能性は、今後とも例外的であらざるを得ないのです。そこであらためて、ラザロの復活のように種が回復する夢の話に戻します。冷静な数字を挙げれば、世界に生存する哺乳類は五〇〇〇種ほどであるのに対して、世界のすべての動物園をまとめても、そこで繁殖集団として維持できる哺乳類は最大でも二〇〇〇種に過ぎないのです。鳥についても同じような制約があります。植物園、森林植物園などはもっとスペースがありそうですが、保護を必要としている植物種が数万のレベルに達することを考えれば、とうてい十分とはいえないでしょう。水族館での保護が期待される魚類についても事情は同じです。うまくいく事例は多々あるでしょうが、種ごとの経費もかさみ、問題そのものに寄与する効果は小さなものであらざるを得ないのです。

しかし、ほとんどまだ科学にも知られていない数百万種にも及ぶ昆虫やその他の無脊椎動物、さらには一〇〇〇万のオーダーに達するかもしれない微生物たちにかかわる緊急対処については、いったいどう考えればよいのでしょうか。

断言してよいことですが、地球の生物多様性を救うには、野生生物個体群を持続的に維持できるに十分な広さの保護地域において自然環境を保全するより他に、解決策はありません。惑星規模の箱舟役を果たせるのは、本来のいのちある自然（Nature）だけなのです。

以上を受け、人間特例主義の説教に反論する説教を以下のようにまとめてみましたのでお目通しください。


創造された生物多様性の世界を救済しましょう。そのすべてを救いましょう。目標を下げてはなりません。生物多様性がどのような経緯で登場したにせよ、いずれかの種によって全滅させられるべきものとして創造されたのではありません。いまも、そして未来永劫にわたって、地球の自然遺産の破壊が正当化される日は、あり得ません。人はその特別な位置を誇りに感じます、そのとおりなのですが、世界を変貌させる私たちの能力についてはしっかりした見極めが必要です。人間が創造できること、想像できるあらゆるファンタジー、私たちの作り出すゲーム、シミュレーション、叙事詩、神話、歴史、そして、そう、科学のすべては、生命圏のすべての所産に比べれば取るに足らない小さなものです。わたしたちは、地上の生命の、まだほんの一部しか発見していません。わたしたちによる殺戮を生き延びた膨大な数の生物たちのうちの、ただの一種さえ、全面的に理解できてはいないのです。

この惑星では、人間以外の生命がヒトに先行していたのは確かなことです。聖書にあるとおりの年月で考えるにせよ、科学の証拠が示すように三五億年の年月で考えるにせよ、地球上の生物の中では、人間が新参者であることに変わりはありません。人間の登場したこの生命圏には、自然に由来する危機があります。しかし、全体で見ればそれは美しくバランスのとれた、機能的なシステムです。ホモ・サピエンスがいなければ、地球はその状況を維持し続けることでしょう。縮小する野生の自然は、いまこのときでさえ、水の管理、汚染のコントロール、土壌の肥沃化などの分野において、人類が人工的に生み出す価値の全体と同等の生態系サービスを私たちに提供しているのです。

思いを馳せましょう。今後一世紀のうちに、世界人口がいまよりも低い水準で安定し、一人当たり消費が、より高く持続可能な水準において、さらに公平に世界に広がれば、世界はパラダイスになっていくかもしれません。ただしそれは、他の生命たちとともにあるかぎり、です。

訳注1▼イエスの友人であったラザロは、死の四日後にイエスによって蘇生された。（『ヨハネの福音書』第十一章）

第十章 最後のゲーム

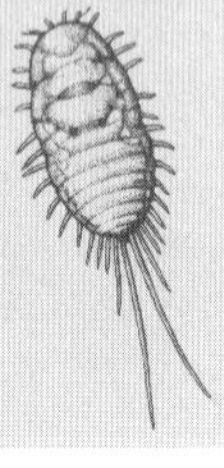

人類のハンマーが振り下ろされ、第六の絶滅が始まってしまいました。人類によるこの破壊行為が停止されず継続すれば、回復不可能な激しい消失の過程は、今世紀末には中生代末の大絶滅のレベルに達すると予想されています。その後は、詩人であれ科学者であれ同様に、〈孤生代〉[Eremozoic Era　ウィルソンの造語。人類だけが孤独に地球を生きる時代]と呼ぶかもしれない段階に入っていくことでしょう。私たちはそれを、何が起こっているのか自覚しつつ、自ら進めてしまうことになるでしょう。神の意思を責める場合ではありえません。

先行する五回の大絶滅は、自然選択によって修復されるのに平均一〇〇〇万年を要しました。一〇〇〇万年のスランプをまた経験するというのは受け入れがたいものでしょう。人類は決断を必要としています。それもいますぐです。地球の自然遺産を保全しましょう。そうしなければ、未来の世代は生物学的な貧困の世界に適応していくしかありません。この選択を回避する道はありません。動物園や植物園に頼れないことはすでに説明したとおりです。空想的な著者の中には、最後の手段にかかわるアイデアをもてあそぶ人々がいることも承知しています。未来の再生を目指して、受精卵や組織を凍結する方法で数百万の現存種やさまざまな品種を保全しようなどと彼らは主張しています。あるいはすべての種の遺伝暗号を記録して、後日、そこから種の再生を目指そうなどとも主張しています。どちらの提案もリスクが高く、膨大な経費を必要とし、最終的には実のないものとなるでしょう。仮にそれらの方法によって、危機に瀕した地球の生物多様性がことごとく再生され、交配を通して集団としても再生され、二一世紀において「野生」と判定される領域への帰還を待つばかりになったとしても、その場において生存可能な個体群を個々に再構成していくことは、実行不可能というしかありません。生物学者は、複雑で自律的な生態系をゼロから組み立てる方法などまったく知らないからです。いずれ理解できる時が来るとしても、その時、人間による改造を強く受けてしまった地球の条件下では、もはやそのような再構成は不可能と判明するのではないでしょうか。

人間特例主義者たちは、以上のオプションの先にさらに最後の提案を用意しています。いつの日か科学者たちは人工生物や種を創造し、それらを組み合わせて合成生態系を作り出すはずとの希望を持って、生命圏の貧困化など気にすることなくこのまま進もう、という主張です。

未来の世代には、大自然の失われたニッチを再び人工生命で満たさせよう。たとえば人間を襲わないようにプログラムされたトラモドキ。トラモドキは人工的に輝き燃え、刺しも噛みもしないムシモドキたちの満ちる森林モドキの中を行く——というわけですね。仮にファンタジーの世界だけの話だとしても、人工的な生物多様性という発想には、以下の言葉が適切です。冒瀆、堕落、嫌悪。

以上に紹介した有効性のない諸提案は、残念ながらどれも実際に提案されたことのあるものばかりなのです。それらの夢はいずれも愚かなものです。いまという時代はサイエンス・フィクションの時代ではありません。常識をもって、以下のような処方に従うべき時代です。生態系と種を救うには、個々の種の独自の価値を一つ一つ理解し、それらの運命を左右することのできる人々を説得して、生態系と種のお世話役をつとめてもらうしかないのです。

人類はいま、人口過剰と浪費的な消費の障害多き危機の中にいます。この状況から抜け出せるのは、世界人口が二〇〇〇年段階の人口を五〇%以上も超える九〇億人前後でピークに達し、その後、縮小に転じるはずの、今世紀末のことになるでしょう。ビン首のような危機の続く残りの期間、一人当たり消費は増加を続け、環境への負荷を増加させていくでしょう（＊15）。しかしそれでも、資源リサイクルの進展や代替エネルギーへの転換など、ほとんどがすでに手元にある技術によって、コントロールしていくことは可能だろうと思われます。そもそもこの転換は、人間社会の組織レベルにおけるダーウィニズムの必然的な帰結であるとも言えるものです。さらなる改善と技術の応用を進める組織や国が、未来のリーダーとなっていくはずだからです。

私たちが望むなら、いま生き延びている生態系や種の多くの部分は、ビン首のような危機の時代を生き延びることができるはずです。救済のための方法は手元にあります。散発的ではありますが、地域あるいは国のレベルにおいて、世界各地で応用されているのです。現行の努力は、すでに絶滅寸前に追い込まれている種の多くを救済するには、なお極めて不十分なものです。しかし対応は始まったばかりであり、理解も賛同も大きく広がっています。個別の国々における取組みは急速に増加しています。一九九二年にリオ・デ・ジャネイロの地球サミットで提示された生物多様性条約には、サミット後、一〇年を経た二〇〇二年の段階で、すでに一八八の国が調印しています（通商、ツーリズム、民主主義の拡大を除くすべての事項でイデオロギー的な孤立主義をとるアメリカ合衆国は、いまだ調印国となっていません。二〇〇六年、この文章を書いている段階でなお調印していない他の国々は、アンドラ、ブルネイ、イラク、ソマリア、東ティモール、そして、バチカンです）（＊16）。二〇〇二年、ヨハネスブルグに集まった締約国は、二〇一〇年までに生物多様性の消失率を顕著に低減させるための協調行動をとると約束しました。また同時期において、国連に加盟する一九一の国々のうち、一三〇カ国において、それぞれの国の環境を守る方向ですでに憲法の改定が行われており（＊17）、そのほとんどのケースで、直接的あるいは間接的に生物多様性も対象とされています。アメリカ合衆国はこれにもまた含まれておりません〔訳注1〕。

地球の生物多様性の大きな部分の運命を左右する競争が始まっています。選択肢は単純です。次の半世紀の間に地球の生物多様性を救済するのか、それとも地上の種の四分の一から二分の一を失うのか（＊18）。この競争の決着はすぐについてしまうはずです。生物地理に関する知識があれば理解できることです。生物地理の中心原理の一つによれば、種というものは、大地や海に均等に分布するものではなく、ホットスポットと呼ばれる地域に集中するものです。たとえば絶滅危惧種に会おうと思うのなら、ウィスコンシン州の森よりもフロリダ州の高地の潅木性《かんぼくせい》のサバンナ地帯のほうが、あるいはニューハンプシャーの河川よりもノースカロライナの山岳地帯の川のほうが、遭遇率は高いのです。ホットスポット中のホットスポット、直ちに注目される必要のある最も危機にある場所が、世界中に散在しています。中には驚くべき場所も含まれています。コンサベーション・インターナショナルが二〇〇六年に特定した、陸域の最も危機にあるホットスポットには以下のような場所が含まれています。

●カリフォルニア州の海岸や山麓に分布するセージ〔シソ科アキギリ属の多年草〕群落
●メキシコ南部ならびに中央アメリカの熱帯林

●カリブ諸島、特にキューバとイスパニョーラ島の森林ならびに乾燥地の生物生息地
●アンデスの熱帯低地ならびに中間的高地の森林地帯
●ブラジルのセラード［サバンナ］
●ブラジル大西洋岸森林地帯
●地中海流域の森林ならびに乾燥地生息域
●コーカサス山脈の森林地帯
●西アフリカのギニアの森林地帯
●南アフリカのケープ地方の各種生息地群
●アフリカの角地域［ソマリア半島］の各種生息地
●マダガスカルの各種生息地、特に森林
●インド西ガーツ山地の熱帯雨林
●スリランカの熱帯雨林
●中国南西部の森林地帯
●インドネシアの森林のほぼ全域
●フィリピン諸島の熱帯雨林
●オーストラリア南西部の内陸地帯

●ニューカレドニアの森林地帯

●ハワイ諸島ならびに多くの他の東部、中部太平洋諸島の森林

このような地域の内の三四地域（＊19）、正確に言えばそれらのうちで原生のままの豊かな生物多様性を要する生息域群は、地球の陸域の二・三％の面積を擁するに過ぎないにもかかわらず、この惑星の陸域の脊椎動物（哺乳類、鳥類、爬虫類、両生類）の四二％、被子植物の五〇％の種の固有の生息地となっているのです。

ホットスポットは単に生物多様性の集中地域であるというだけではありません。地域の広がりが限定されているため、そこは地球において最も絶滅の心配される種の生息地ともなっているのです。国際自然保護連合のレッドリストにおいて、「絶滅危惧」あるいは「絶滅寸前」とされている種の大半は、その三四の最もホットなスポットに生息しています。絶滅の危機にある哺乳類の七二％、鳥類の八六％、両生類の九二％に相当する数です。

生物多様性の度合いを数値化するにあたって種という単位が好まれるのは、それが概ね進化の単位となっているためです。種は生態系よりも正確に限定することができます。さらに種は、他種との区別にかかわる遺伝子の複雑な集合それ自体に比べても特定が容易です。

しかし、生物多様性を測定する単位として、種には一つ不利な点があります。種は、しばし

ばごく最近、ときには数千年の期間で進化したばかりのクラスター［集団］となっているからです。形成されて間もないため、これらの「同胞的な」クラスターを構成する種は、遺伝子構成の点では、互いにわずかしか異ならない傾向があります。であれば、構成種を単位とするのではなく、むしろクラスターそのものを単位として生物多様性を測定する方法があるのではないでしょうか。一つそのような方法があります。一八世紀の半ば、形式分類学の命名法体系が創始された時代にまで遡る方式です。そこで使用されている階層システムにおいては、判別形質において互いに似通っている種、ということは遺伝的に近縁な位置にある種によって構成されるクラスターが、属という名前で呼ばれています。ということは属は種よりも古く、より大きく分かれた配列を示す単位なのであり、生物多様性をより古い歴史に遡って評価しようという場合には、種という「安い」単位でなく、属を利用できるということなのです。これを実行すると、ホットスポットに変化はあるのでしょうか？　答えはイエスですが、変化はさほどではないという注釈つきです。生物多様性を数値化する単位として属を使用した場合も、種だけを頼りにした場合とほとんど変わりはありません。しかし、重要性のランクには、以下のような変化が起こります。地球上のホットスポットの中でも、最も重要なホッテストスポットは、そこだけで四七八の固有の動植物属を擁する、アフリカの東海岸の沖に位置する大きく古い島、マダガスカル島ということになります。マダガスカルに続くのは（カッコ内の数字はそれぞれの地域における固有の属の数です）、カリブ諸島（二一六九）、ブラジルの大西洋岸の森林地帯（二一一〇）、インドネシアのスンダ列島（一九九）、東アフリカの山岳地帯（一七八）、南アフリカのケープ地方（一六二）、そしてメキシコ南部と中央アメリカを含む地域（一三八）です。

ホットスポットに関する初期の研究は、ほとんど陸域に限定されていました。しかし二〇〇〇年に入って、海洋環境についても、同様な方式の分析が適用されるようになりました。海洋環境の四つの主要ゾーンの三つ、すなわち河口域、サンゴ礁、その他の浅海《せんかい》性の生息地、ならびに深海底について、陸域のホットスポット分析と同様の小さな地域、しばしば危機に瀕した地域への分割が実施されました。四番目のゾーンである外洋域についても海域ごとに生物的豊かさは異なるのですが、海洋性の魚種やその他の外洋性生物たちは簡単に長距離を移動してしまうために、パターンの確定は困難です。

これまでの議論をまとめると、地球全体にかかわる生物多様性の研究結果は、すでに保全活動に適用されて成果をあげるに十分なものとなっているのです。生物学者たちは問題の大きさを測るのに必要な尺度を手にしました。危機の傾向が止められないとすると、どのような帰結が待ち受けているか、生物学者たちはその行方の多くを予想することができます。

これらを踏まえて、結論に進みましょう。問題を解決するのにどれだけの費用がかかるでしょうか。生物多様性の保全は極めて高価であり、経済、つまり市場経済を危うくするのではないかという心配があるかもしれません。端からそう考えるのは誤りです。地上の動植物のほとんどを救うために必要な経費は、市場経済にとって相対的にはわずかなものです。他方、自然の経済にとっては膨大な利益があります。この問題を討議するため、コンサベーション・インターナショナルは、西暦二〇〇〇年に、生物学者と経済学者による「自然の終焉を回避しよう」というタイトルの会議のスポンサーとなりました。参加者たちは、野生地保護と地域経済の活性化の双方につながるような、その時点で適用可能な多くの手法を総括し、費用を推定しました。結論によれば、その時期に認知されていた二五のホッテストスポット（その後、九箇所の追加があったので、現在は先にあげた三四となっている）と、アマゾン、コンゴ盆地、ニューギニアに残る原生熱帯林の核となる地域群全体にわたる保護を実施するために必要な経費は、一回の支出に換算して約三〇〇億ドル。他方、資金配分とともに、賢明な投資戦略や外交政策が実施されれば、地球に生息する動植物種の七〇％に、確かな保護が及ぶという利益が期待されました。そうなれば、長期にわたる新たな手法や政策の工夫に、さらに時間をかけることができるようになります。三〇〇億ドルの一括支出、あるいはそれに相当する額の数年にわたる分割支出は、年間の世界総生産、つまり全世界の国における国内総生産の総和の、ほぼ一〇〇〇分の一に相当する額なのです。偶然の一致ではありますが、ほぼ三〇兆ドル［原文による数字。二〇一〇年発表の外務省による「主要経済指標」では六〇兆ドルとされている］と推定される世界の年間総生産額は、地球に残された自然環境によって無償で人類に提供されている生態系サービスの推定額に一致しています。

二〇〇四年には別のチームが同様な研究を行い、地球上で危機にある第二のエデンともいうべき海洋域を保護するための費用を推定しています（＊20）。彼らは、外洋環境もまた、もはや無限、あるいは危機なしとはいえないと認識していました。サンゴ礁は、物理的な破壊や気候温暖化の悪影響によって衰退を続けています。外洋における主要な漁獲活動の多くは持続可能な水準を達成していません。また、浅海の海底は、世界の各地において底引き漁によって破壊されています。沿岸諸国の幅三七〇キロメートルの排他的経済水域内に設置されている海洋保全地域は、海洋面積全体の〇・五％を占めているに過ぎません。捕鯨の規制を除けば、外洋の生物に関する保護はまったく実施されていないのです。保護区域が、沿岸域全域と外洋に設定できるようになり、かつその面積も十分に拡大されるなら、危機に瀕している無数の種に保護が及ぶことになるでしょう。そうなれば、保護区域は多様な海産生物の資源供給地となり、いずれは維持可能な漁獲量の増大にも寄与することになるはずです。海洋表面の二〇〜三〇％に相当する保護地域のネットワークを調整するには、毎年五〇億から一九〇億ドルの経費がかかります（＊21）。この出費は、水産業界に現在も提供されている、年額一五〇〜三〇〇億ドルにも達するかといわれる不合理な補助金を廃止することで補うことができるでしょう。そもそもこの補助金こそ、人気魚種の漁獲過剰や漁獲量減少に責任があるのです。

この惑星の生命は、これ以上の収奪に耐えることができません。創造されたいのち賑わう世界を守れという、宗教と科学の双方に基礎付けられた普遍的・道徳的な至上命令の遵守とはまったく別の視点から言っても、生物多様性の保全は、農業の発明以来、人類が生物多様性に対して提示した最高の経済取引ということになるでしょう。パストゥール、動くべきときはいまです。科学は健全で、前進しています。いまこの時代を生きる私たちは、絶滅との競争に勝つか負けるか、二つに一つ。負ければ後はありません。永遠の名誉か、永遠の軽蔑か。私たちはいずれかをとることになるのです。

訳注1▼アメリカが生物多様性条約に調印しないのは、遺伝資源の利益配分に同意することによって、アメリカのバイオテクノロジー産業に打撃を与えてしまうのが主な理由と思われる。

第三部 科学は何を学んできたか

宗教からも科学からも、人間以外のいのちを救うべしとの主張が誘導される。以下の章では、本書での議論の鍵となる科学である、生物学の重要な諸原理について解説される。

III What science has learned

Arguments for saving the rest of life are drawn from both Religion and Science. The relevant principles of biology, the key science in this discourse, are explained here.

第十一章

生物学は生きた本来の自然についての研究である

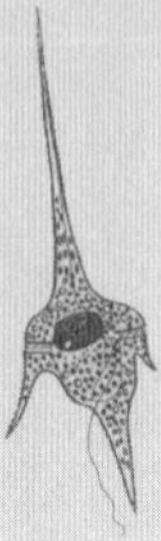

パストゥール、創造されたいのちある自然への復帰（ascent to Nature）とエデン再生のためには、さらなる精神的エネルギーが必要なわけではないと私は考えます。精神的エネルギーなら、人々はすでに過剰なくらいに所有しています。必要なのはむしろ、精神的エネルギーをもっと広範な領域に適用すること、また、人の置かれている条件についての共通理解にもっとしっかり目配りされた適用であるべきということです。ホモ・サピエンスの過去三万年の歴史を通して、人間の自己イメージは大きな上昇をみせてきました。まずは宗教と創造的な芸術が力を発揮しました。科学の翼に乗って、それはさらなる上昇を果たせるはずです。

この主張をサポートするために、以下、科学、とりわけ人間の諸課題にもっと直接的な意義を持つ分野である生物学について、コンセプトと実践を説明したいと思います。

ただし、ここで取りあげるのは科学者ではないということを強調しておきたいと思います。たとえノーベル賞受賞者であっても、ほとんどの研究者は守備範囲の狭い職人です。人間の置かれた条件への関心のレベルは、普通の市民と変わるものではありません。仕事場の外で会えば、日々の雑事におわれ、平凡な考えで生きるごく普通の市民がいるだけのことです。科学者たちが想像を飛躍させるということも滅多にありません。ほとんどの科学者は真にオリジナルなアイデアを持つということもありません。大量のデータや仮説（検証にかけられるべき知的な推論のことです）の山と格闘し、ときに高揚することもあるが概ね変哲のない日々を過ごし、しばしばゴシップや諸々の気晴らしに時間を費やす、そんな姿が真実でしょう。それも実はやむをえないものがあります。成功する学者は詩人のように考えますが、それは、あるとしても本当に稀なひらめきの時間に限られます。それ以外の時間はすべからく簿記係のような仕事です。独創的な考えを持つことは本当にむずかしい。科学者は、仕事時間のほとんどを数字の打ち込みや書類の整理に費やし、満足しているのです。

科学者は金鉱堀人のような存在でもあります。科学者の仕事の世界では、独創的な発見が金、銀です。重要な発見なら、それで昇格を果たし、名声を高め、印税も得て、さらに学者としての終身雇用の資格も得ることができるでしょう。大半の科学者はとてもつましくて預言者にはなれません、飽き易くて哲学者にもなれません、あまりに信じやすいので政治家などはとても無理。世事に長けてもいないので、詐欺にもかかりやすく、手練手管のペテン師にはかないません。超常現象の真偽について科学者に聞くのは止めましょう。プロのマジシャンにでもお聞きになるのがよいでしょう。

科学の力は、科学者ではなく、方法に由来します。科学の方法の力、そして美しさは、その単純さにあります。それは誰にでも理解できるものであり、わずかな訓練さえあれば実践可能です。その地位は、成果を蓄積していく方式ゆえに高まっていきます。科学的方法を唯一の共有項として団結した何万、何十万の科学者たちが成果を蓄積していくからです。ほとんどの科学者は、たとえ専門領域についてであれ、入手可能な科学知識のごく一部しか知りません。しかし、それで問題はありません。他の部分については、同僚の科学者たちが絶えず仮説を検証し成果を積み上げてくれています。しかも科学の知識はすべてにわたって容易に入手することができるのです。検証可能な学習というこの注目すべきエンジンの発明は、記録の残っている人類史の中にあって、真実、量子的な飛躍と言っていい前進の一つなのです。しかし、人類の地史的な時間の中で見れば、科学の優勢が実現されたのはごく最近のことです。それは、部族主義や宗教的興奮が卓越する長い苦悶の時代を経たのちに、人間の知性がようやく達成したものです。

人間知性の大まかな年代記を整理してみましょう。百万年単位の昔、存在したのは動物の本能だけでした。ついで恐らくは猿人の時代に、道具の使用など初期的な物質文化が付加されました。さらに知性が高まるに伴って、超自然の感覚が登場し、それに依拠して悪魔や、妖怪や、聖霊が人類の心に棲みつくようになりました。宇宙における人間の位置について科学なしに答えようとすれば、宗教にならざるをえないでしょう。夢想に発したそのイメージは、シャーマンや神官たちによって文化の中に採り込まれていきました。神々が人を創ったことになりました。暮らしの周囲に展開する大自然もまた、聖山に、はるか彼方に、そして天国におられる神々に従うものとされていきました。過去のいつか、いずれかの場所で、人間に似たこれらの神々は世界を創造し、いま現在も人間を支配しているのです。進化するその自己イメージの中で、人間は、子どもとして、また従者として神々に仕えるために、自然界を離れ、上昇していくのです。人格化された神々に揺らぐことなく導かれる部族は団結し、強力です。彼らは大自然をも従えていき、その過程において大半を消し去っていくのです。目的地はこの世にあるのではないと、彼らは信じています。彼らは自らを半神のようなもの、不滅のものと考えたのです。

しかしその途上、一七世紀のヨーロッパを端緒として、これらとは根本的に異なる自己イメージが出現しました。芸術や哲学は神々から離れはじめました。そして科学は神々から完全に独立して機能しはじめたのです。聖書の信奉者たちから強く反発されながらではありましたが、科学は、検証可能で自立的な人間イメージを基礎とした新しい世界像を、一歩また一歩と構築していったのです。過去三五〇年のその歴史のほとんどの期間を通じ、一五年で倍増する勢いで成果を積み重ねてきた科学は、生命的な自然の中心にまなざしを向け、そこに、それ以前には想像もされなかった壮大で自立的な創造の力が存在することを発見しました。このイメージは、宗教的な諸対立も部族間対立の問題として理解の対象としてしまいました。科学は、人間の諸営為の中で、最も民主的な活動となりました。それは、宗教でもイデオロギーでもありません。現実世界で感覚によって確認できないものについて主張することもありません。それは人類史における発明のなかで、最も生産的かつ統合的な様式で知識を生み出していきます。しかもそれは、いかなる特定の神にも服従することなく、人類に奉仕するものです。

いま、人間の自己イメージの再編をリードしているのは、生物学です。生物学は、発見、論争の坩堝《るつぼ》の状況にあり、物理学や化学を含む他分野をしのいで、最も重要な科学となりました。生物学は、健康問題や生物的な環境管理の鍵を握っています。心や精神の性質、現実性、生命の意味などの説明を目指す哲学の中心的な諸課題との関連でも、生物学は最も重要な科学になりました。生物学は、自然科学、社会科学、人文科学という三大学問領域をつなぐ論理的な架け橋でもあるという点も軽視されてはなりませんね。

個々の科学者たちは客観性に職業倫理の基準をおいているので、公開の場ではあまり野心を外に出さないよう注意しているものです。しかし、勇敢なリーダーたちのエッセーや講演を参照すれば、現代生物学の偉大な目標について概要を取りまとめることは可能です。私の見るところ、それは以下のようなものです。

●生命の創造――単純な細菌の種について分子レベルでマッピングを完成させ、その分子的な諸過程をコンピューターでシミュレートし、ついで構成分子からバクテリアの個体を再構成する、あるいは少なくともどのようにしたらバクテリアを作りあげることができるか、その方法を示すこと。

●そのアプローチを利用し、さらにそれを地球誕生初期の化学に関する知識と統合して、生命の起源に至る諸段階を再構成すること。

●分子レベルへの還元と分子レベルからの再構成という方法を、人間細胞にまで連続的に適用すること。そして関連する情報を、病気の治療や傷の治療にさらに効果的に活用していくこと。

●化学的、電気的な情報、刺激伝達ならびに神経細胞の成長とネットワーク形成に関するモデルを使って、心の働きを説明すること。次いで、人工知能と人工情緒を組み合わせて、心の働きをシミュレートすること。

●地球の生物相リストを、微生物まで含めて、種のレベルで完成すること。さらに、それぞれの種について遺伝子レベルでの多様性研究を進めること。

●生命圏の生物多様性に関して指数関数的に拡大する知識を、医学、農業、公共衛生の推進のために活用していくこと。

●すべての種と種内の主要な遺伝子レベルの変異集団について、進化的な分岐図〔生命の樹〕を作成し、これをもとに過去の進化史の経路を追跡すること。他方、これらの情報を古生物学や環境史と総合することによって、生物多様性の起源に関する基本的な諸原理を確立すること。

●安定した生物集団がどのような編成でどのように制御されているのか、種のレベルで解明していくこと。地球の生物多様性を守り安定させていくために、これらの情報を利用していくこと。

●人間の心と本性にかかわる生物学的な基礎の探求を通して、自然科学、社会科学、そして人文科学の分野を、文字通りの統合とまではいかなくても、架橋していくこと。その過程で、遺伝子と文化の共進化を解明していくこと。

生物学の究極的な成熟に関する以上の想定シナリオを基準として考えると、現状の生物学は、化学、物理学と比べても、初歩的な段階にあるといえるでしょう。その成熟は、いかにして達成されるのでしょうか。

まずは生物学がどのような構造を持っているのか考えてみましょう。生物学は三つの次元を持つ科学です。

第一の次元は、かくかくの細菌、しかじかのショウジョウバエと個々の種を取りあげて、生物学的な階層のあらゆるレベルにおいて研究することです。すなわち、分子から分子群によって構成され活性化される細胞へ、細胞から構成される組織や器官へ、組織や器官によって構成される個体へ、さらに個体の構成する社会や個体群へ、そして生態系を形成する種間の相互作用へというすべてのレベルです。

種は遺伝的に独自な個体群です。すべての場合とは到底言えないのですが、多くの生物では、種は自然環境下において互いに交雑できないという点で区別されています。そして、たとえばある池、ある森に棲む種の全体が、生きた生物群集です。その生物群集が土壌や、大気や、水などの非生物的な要素と結びつけば、生態系、ということになります。

以上を要約すれば、個々の種を、その分子的な構成から生態系における位置に至るまで通して調べ上げることが生物学の第一の次元ということになりますね。

第二の次元は、地域的な生息場所から、広域的地域、さらに地球そのものに至る特定地域における生物学的な多様性（略せば生物多様性です）を、それらの種が形成する生態系ならびにそれぞれの種の特性を規定する遺伝子とともに、調べ上げることです。

そして**第三の次元**は、これらの種と、生態系と、遺伝子の歴史の領域です。生態学者たちは、季節と世代を通して種を追跡し、その個体群がどのようにして増減するかを明らかにしようとします。生物系統学者や遺伝学者たちは、遺伝子の変化、さらには種分化のレベルに至る変化を追跡するために、探求の時間スケールをさらに拡大していきます。

以上の三つの次元の到達点を同時に見渡すことができるでしょうか。いまこの時点では、それは誰にもできないことです。未確認の種が数百万種の規模で存在します。地上に生息する種の大半を、まだ科学は知らないのです。ある時間断面でみた種は、どれも独自の個性のある創造物です。それぞれの種の遺伝コードは、突然変異と自然選択の想像を超えた複雑な経路を通して、いま現在の種特異的な特性を実現させているのです。

すべての種はそれぞれが一つの世界です。それは本来の生きた自然のユニークな部分です。なんであれ、種というものが私たちの注目の対象となるとき、それはその種に所属する個体の、ランドスケープ［地形的・空間的秩序］にそった特定の分布パターンとして把握されます。ここで時計がどんどん速まると想像してください。眼前に展開する個体は拡散し、死亡し、新しい個体が生まれます。その個体もまた拡散し死亡していきます。この過程が続き、やがて個体群全体が凋落《ちょうらく》し、絶滅に至ります。個体群の変動は、豪雨や旱魃《かんばつ》、病原生物や捕食生物の到来や衰退、食料の増加や減少など、さまざまな環境変化によってコントロールされています。これらの諸要因、そしてそれらがもたらすさまざまな影響が、種を拡大させ、収縮させ、新しい生息地に侵入させることもあれば、絶滅に追いやることもあるのです。

最後に、以上のような種が数百万種あって、遺伝子から生態系まであらゆるレベルにおいて未来に向かって進化していく様子、遠い過去に向かって進化を遡る様子を想像してみましょう。要約すればその光景の中に、超越的でかすかに展望可能な、未来の生物学の複合的な姿があるのです。そこにはきっと、人類の精神的エネルギーのふりあてられるべき新しい劇場が、開かれていくはずなのです。

第十二章 生物学における二つの基本法則

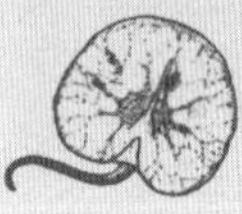

本章では、生物学を別の視点で取りあげてみます。人間の条件にかかわる生物学の重要性を把握するための最も効率の良い方法は、頂点から底辺へという視点で生物学を取りあげることかと思います。最も一般的な法則から始め、以下順を追って、基本法則の拘束を受ける特殊領域に至るという方式ですね。

生物学における法則とは、証拠から、生きたシステムに普遍的と示唆されるプロセスを抽象的に記述したものです。それは、当然のことながら、それらのシステムに論理的・普遍的な妥当性を持っています。科学者たちは、生物学において確実に基本的といえる二つの法則について、すでに意見が一致しています。

生物学の第一法則　生命に関する既知のすべての特性は、物理学と化学の法則性に従う。

生命の特性すべてが、物理学と化学によって直に説明できるという意味ではありません。生命の複雑なメカニズムをその基本要素や基本過程に分解していくと、これらの要素とそれらの要素間に知られている相互作用は、物理学と化学において知られていることと合致する、ということだけを意味しています。

顕微鏡を通して観察される細胞の分裂が、ただちに物理化学的に説明されるということはありません。そこに関与する物理的、化学的なプロセスを直に目にすることは不可能です。しかし、細胞を構成する分子や、それらの複製にかかわる挙動は、物理、化学的な法則に従うことが理解できるのです。細胞が全体として示す諸特性は、分子の相互作用に発するもので、創発的(emergent)と呼ばれます。しかし、そのレベルにおいて作動するプロセスの数の多さ、複雑さのため、細胞レベルの動きを物理・化学の原理から簡単に演繹することはできないのです。というわけで、分子レベルの相互作用が詳細に明らかにされるまでは、それは数学モデルとスーパーコンピューターの支援を受けてはじめて達成されるステップだと思われるのですが、細胞分裂の記述は物理、化学の言葉ではない、細胞レベルの用語を含まざるを得ないのです。

創発的な特性は、あまりに複雑で理解が進んでいないため、記述にあたっては比喩的な表現や、それを作り出しているプロセスを記述するのに使用されるのとは別の用語を使用するしかない特性と定義しておくことができます。生物学の扱う特性のほとんどは創発的なものなので、物理、化学につながる因果的な説明との結びつきは、当面ごく希薄なものというしかないのです。

生物学と物理化学の領域との最も決定的な結び目となっているのは、遺伝情報を暗号として組み込んでいる分子である、ＤＮＡの構造でしょう。「生命の鍵」となるこの物質の化学的な構造をワトソンとクリックが解明したのは、一九五三年のことでした。細部に入り込み過ぎと思われるかもしれませんが、ワトソン・クリック論文から引用した以下の文章をみていただければ、この文章が分子生物学の誕生を告げ、さらに生物学の第一法則としての正当性を主張していることは明らかと思われるのです［訳注1］。

我々はここに、デオキシリボ・核酸（DNA）の塩に関する、従来とはまったく異なる構造を提案したい。その構造は、同じ軸を共有する螺旋状の二本鎖からなっており、……我々が前提としている特異的な対合は、そのまま遺伝物質の複写メカニズムのある様式を示唆していることにも、気づいていないわけではない（＊22）。

分子生物学と細胞生物学は、いま、社会から最も大きな支援を受け活況を呈している分野であり、生物的な構造における最も下位のレベル、すなわち分子と細胞の諸課題に取り組み続けています。この分野では、特異的な特性に注目してごく少数の種が取り扱われているのです。たとえば、大腸に暮らす細菌である大腸菌は、遺伝的な単純さと世代時間の極端な短さゆえに重用されています。センチュウの一種のシー・エレガンスは、神経系とその行動の単純さから重視されています。そしてもちろんヒトも注目される種です。ヒトについてはあらゆる情報が基礎的、実際的な価値を持っているからです。

分子生物学や細胞生物学は、学の発展の段階で言えば、いまは自然史的な段階にあると言えるでしょう。このように特徴付けると驚かれてしまうかもしれませんが、比喩を使えばわかりやすいかもしれません。細胞というのは、相互作用する膨大な数の要素とプロセスを内包するシステムです。基本的に言えば、それは池や森林のような生態系に似ているのです。細胞を構成する分子は、生態系の生物部分を構成する植物、動物、そして微生物の対応物ですね。細胞と、生態系という二つのレベルどちらも同じ程度に解明が進んでいると私はみています。分子生物学者も細胞生物学者も、多様多彩なタンパク質、そしてその他の分子を発見し続けています。

これらの研究者たちは、現代におけるフンボルトやダーウィン、その他の探険志向のナチュラリストたちです。作業場所が実験室なので、ありがたいことに蚊に刺されたり足にまめができたりすることもなく、生物学的な組織の最も下位のレベルの未踏の地に進み入っているのです。彼らは基本原理を作り出す仕事をしているのではありません。そのほとんどは物理学や化学からの借り物です。その目覚ましい成功は、創造的・天才的に発明・応用される技術のたまものといってよいでしょう。彼らは、結晶構造解析、免疫学的な手法、標的遺伝子組換え法、その他の手法を活用して、細胞に生息する超微小な生息者たちの、肉眼の領域をはるかに超えた構造や機能を、可視化しているのです。目標に向かって進む彼らは、いずれは生物学の他の分野の研究者たちとも合流し、生物学的な組織にかかわる基本原理を極めていくことになるでしょう。

分子生物学、細胞生物学の成功のかなりの部分はまた、医学にとっての重要さにも由来しています。もっと明解に言ってしまえば、一般市民の理解と支援の領域では、分子生物学と細胞生物学は事実上医学そのものと合体しているのです。ノーベル賞に生物学賞はありません。しかし一八九五年の遺言状においてアルフレッド・ノーベルが最も重要と考えていた意向を反映して、生理学・医学賞が設けられています。分子生物学と細胞生物学が潤沢な研究費を提供され、強い力を持っているのは、これまでに大きな成功をおさめてきたからというわけではありません。むしろ潤沢な研究費という大きな力を持っていたから、成功しているというほうが当たっているかと思います。ここで誤解を避けておかなければいけません。これらの分野への政府や企業などからの投資は価値あるものであり、さらに大きな支援にも値しています。これらの分野の諸発見は、生命の物理化学的な基礎を解明し、人間のほとんどの病気や遺伝的な障害の最終的な除去への展望を開いています。それらの分野の知識はまた、高次なレベルにおける生物学研究の基礎の一部ともなっています。

生物学の第二法則　すべての生物学的なプロセス、ならびに種を区別するすべての特性は、自然選択によって進化する。

毎世代、DNAのコードには、稀にランダムな変化が生じます。これらの突然変異の働きによって、その変異を持つ個体が、時代により多くの子孫を残すことができるなら、やがて種全体が、変異型に変わっていきます。こうして種は、自然選択によって進化していくのです。ある種が、以前の形から十分に大きく変化すると、新しい種になったということができます。同じ種の異なった系統が、それぞれの生態的な地位に対応して有利な突然変異を集積し、互いに十分異なる形へと分岐していく場合は、母種が、複数の娘種〔新種〕に分化したと言うことができます。チャールズ・ダーウィンは、遺伝子の存在を含め詳細の多くを知らなかったにもかかわらず、自然選択による進化という考えを、驚くべき明解と洞察をもって把握していました。この偉大なナチュラリストは、『種の起源』の第四章で、その考えを、揺らぎつつ進む以下のようなビクトリア風の一文にまとめています。

自然選択は、毎日毎時間、世界のあらゆる場所で、どんなにささいであれあらゆる変異を精査し、悪い変異を除去しつつ良い変異を残して蓄積し、個々の生物をその生物的、非生物的な生活条件との関連において改善すべく、機会があればいつでもどこででも、静かに、そして少しずつ働き続ける。

かくして、分子生物学と細胞生物学の彼方には、生物学の第一次元の上位のレベル（個体から生態系まで）と、第二の次元（生物多様性）ならびに第三の次元（進化生物学）のすべての領域が広がっています。これらの領域における諸研究は、一八〜一九世紀に始まっているため、古風で凋落しつつある分野と見えてしまうかもしれませんが、真実はその逆。これらの領域の多くは科学の未来に属しています。生物学が成熟を果たし、統合されていくにつれて、第二、第三の次元は、第一の次元の上位の領域とも統合されて、分子生物学、細胞生物学を凌駕《りょうが》していくのではないでしょうか。

現代の生物学は、生命の物理化学的な基礎と、知られる限りのすべての生命形態における自然選択による進化という、二つの法則の展開として定義することができるものです。では生物学は、現実の生きた世界をいったいどこまで理解したのでしょうか。生命体の階層、多様性、そして歴史の三つの次元をすべて視野にいれて評価するなら、これまでに知られたのは、氷山の一角に過ぎないと言うしかありません。現代生物学の知識は究極的に達成されるであろう知識の百万分の一程度と私は推測しています。道のりはまだまだ遠いのですが、データの蓄積が進み、技術の改良も進んで、着実に前進していくはずです。その道のりを通して、生物学は進歩し、その統合も進んでいきます。先導的な研究者たちは、生物学の未来が、生物学内外の学際的な研究にかかっているという点で意見の一致を形成しつつあります。やがて私たちは、生物学の三つの次元を、何の制約もなく行き来することができるようになるでしょう。それは早ければ早いほどよいことです。

訳注1▼周知のように「特異的な対合」とはアデニンとチミン、グアニンとシトシンという塩基の一対一対合のことである。この対合を前提としてＤＮＡ分子の複製を考えると、そこに遺伝情報の保全と伝達という根本機能が明確に予測されると宣言した文章なのである。

第十三章 ある知られざる惑星の探険

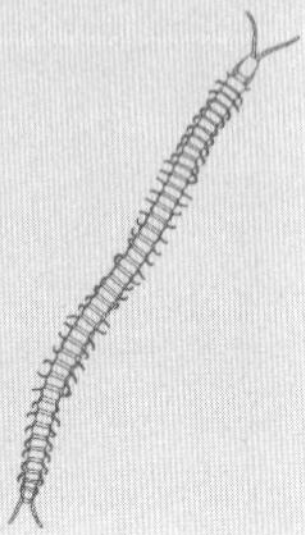

これからの長旅のため、生物学、特に生物多様性研究に、地図が必要です。そんな準備が創造されたいのちある世界（the Creation）とどのように関係するのか、パストールは不思議に思われるかもしれません。しかし、私たちの他の生命世界の領域にいったい何があるのか、まずそれ自体がわからないのですから、何が起こっているのか知る由もないのだということをお話ししておかないといけません。わざわざ月面に基地を作ったり、火星に有人宇宙旅行を企てたりする必要はありません。私たちはまず地球という惑星の探険が必要だからです。そこに棲む生物のうち科学に知られているのは一〇％に満たないでしょう。単純な形態の記載や、その自然史に関するごく断片的な記述以上の知識が得られている種類ということになれば、さらにそのうちの恐らく一％以下ということになるでしょう。

想像していただきたいと思います。もしも、ロボット式の探索車が火星で生物を見つけ、当地の生物種のおよそ一〇%に当たる生物の情報を送信してきたとしたら、残り九〇%の生物の発見と分類のために、アメリカ国民は喜んで数十億ドル規模の予算を投入するのではないでしょうか。しかしこれとは対照的に、アメリカ合衆国において行政・民間すべてを含め分類学分野に投入されている金額は、推定値のある最新の年である二〇〇〇年のデータで、一・五～二億ドルに過ぎません。合衆国には分野を問わず科学者と分類されるプロが五〇万人以上いると思われます。そのうち分類学者は約三〇〇〇人。これらの学者に分配される資金が上記の額ということです。自らの住まう星に関する人類の探険活動は遅々とした足取りだなどという認識も、実はなお事態を軽視しています。

ここで、これまでの章で取りあげてきた地球の生物多様性の状況を、手短に要約しておきます。探索のペースは遅々たるものですが、過去二～三〇年にわたる研究で、地球の生物多様性は以前の想像より遥かに豊かなものと判明してきました。その多様性は、進行中の温暖化による破壊を含む生息地破壊や、侵入種の拡大、汚染、さらに乱獲などによって、加速度的に減少を続けています。人間活動に起因するこれらの諸力が緩和されなければ、今世紀末までに、地球は動植物の半数を失うことになるでしょう。

多くの分類群にわたり、地史的時間幅で平均すると、種は毎年一〇〇万種につき一種の率で絶滅し、同じ率、つまり毎年一〇〇万種につき一種の率で生まれてきました。一方、現状において種が絶滅あるいは絶滅不可避の状況に追い込まれてしまう率を、一〇のべき乗値で推定すると、最も控えめの推定でも、現状における種の形成速度の一〇〇倍に達しています。この推定値は、多くの生態系において最期の残存域が壊滅し、それとともに、現在絶滅の縁に立たされている種が消滅してしまえば、一〇〇〇倍あるいはさらに大きな値になると予想されます。

生物多様性に極めて詳しい研究者たちは、私たちが六五〇〇万年前の白亜紀末の大絶滅以来、最大の絶滅の激発期に入っているという点で意見が一致しています。過去四億年の生命の歴史は、五回の大絶滅を経験しています。そのいずれにおいても、失われた生物多様性が進化によって十分に回復するのに、ほぼ一〇〇〇万年を要しています。上記の推定値はどれも、哺乳類、被子植物、甲殻類、軟体動物など、最もよく知られた生物群の情報に基づくものです。しかし生物多様性に関する私たちの無知は大きく、生物多様性の多くの部分を、その存在を確認することもできないままに、いま喪失しているのだと言えます。

私たちの地球探険が、まだいかにわずかしか進んでいないか、以下の数字が如実に示していきます。今日までに発見された生物の種は、動物、植物、そして微生物のすべてを含めて一五〇万から一八〇万種の間です。既知種に未知種を加えた地上の全生物の種数に関する推定値（*Global Biodiversity Assessment*, Cambridge University Press, 1995）は、最も低い値で三六〇万種、最も高い数字では一億一二〇〇万種まで、推定方法によって大きく振れるのです。比較的よく知られているはずの脊椎動物に関する数字も、まだかなりの振れ幅があります。たとえば世界の魚類の種数に関する推定値には、一万五〇〇〇から四万種の幅があります。

一億を超える種数が現実になるとすると、そのほとんどは目に見えない生物たちということになるでしょう。細菌と、古細菌と呼ばれるこれに似た微生物は、地球の生命世界の闇の部分を占めています。最新の二〇〇二年の集計では、これまでに六二八八種の細菌が発見され記録されています。しかし肥沃な土壌たった一グラムのなかに一〇〇億個体の細菌がいて、その中に多くの種が含まれています。一トンの土壌中に生息する細菌の種類数は、四〇〇万に達するという驚くべき推定値も提示されているのです。人間の口腔の中に限定しても、少なくとも七〇〇種の共生細菌が知られています。彼らは人間の歯や舌が構成する（彼らのスケールからすれば）広大な平原や渓谷での暮らしに適応しており、病原性の細菌を排除することを通して、人間の口腔領域の健康に寄与しているとも信じられています。微生物と共存している人間というのは奇妙なイメージかもしれませんが、視点をかえてこの真実を見ればさらに奇妙なことになります。人間は誰しも、その体を構成する細胞よりも多数の細菌を抱えているのですから。どの細胞が卓越するかを基礎として生物的な分類を行うとするなら、人間は、細菌生態系と分類されることになるかもしれません。

目に見えない生物世界については、さらに驚くべき事例が知られています。私たちの足もと、少なくとも二マイル〔三・二キロメートル〕ほどの深さに至るまでの地下領域は、もう一つの、そしてある意味では地上より遥かに大きな世界を形成しています。それは、細菌や顕微鏡的サイズの菌類などの、未知の大個体群が形成する世界。ひとまとめにしてＳＬＩＭＥＳ〔Subterranean LIthoautotrophic Microbial EcoSystems 地殻内化学合成独立栄養性微生物生態系〕と略称される世界です。その領域の生息生物の総量は、地球表面に生息する生物全体よりも大きいかもしれません。彼らは生活のすべてにわたって太陽エネルギーや地表から供給される有機物に頼ることがありません。暮らしの周囲の溶液中に存在する鉱物の持っている化学エネルギーを独自に（独立栄養的に）利用しているのです。地表のすべてが、何らかの理由で徹底的に焼き尽くされたとしても、地下に広がるこの世界は持続する可能性があります。もしそうなれば、そこから新たに進化した生命が、一〇億年ほどの未来において再び地表に広がっていくのかも知れませんね。ＳＬＩＭＥＳの発見は、極寒の、粉のように乾ききった星・火星に生命が発見されるかもしれないという科学者の希望をさらに促すものです。表面ではありません。はるか地下深く液状の水のある領域で、です。

以上。私たちは、ほとんど未知の星に棲む多くの種の中の一種に過ぎないということがおわかりいただけたかと思います。二五〇年ほど昔、カルロス・リンネは、生物の個々種に、ラテン語表記の二つの単語を並べた名称をつける方式を導入しました。たとえば人間は、ホモ・サピエンスと表記されます。彼は地上のすべての生物を調べ尽くそうと呼びかけていました。ほとんど未知の惑星を探検するという冒険のために、そして私たち自身の安全保障のために、リンネの始めた偉大な事業を、私たちは最後まで頑張って仕上げていくのが賢明というものでしょう。地球のすべての種を記載する仕事を達成することは、科学領域の大ホームラン、人間の遺伝コードをほとんどすべて解読するというヒューマン・ゲノム・プロジェクトに相当するような快挙となるでしょう。

この事業の潜在的な効果を感じていただくために、どの種にも電子ページが割かれていて、ワンクリックでどこからでもアクセスできる《生命の百科事典（EoL Encyclopedia of Life）》のようなものを想像してみてください（＊23）。そのページには、知りたい種の学名があり、命名の基準となった標本［原模式標本］の画像あるいはゲノム表記があり、さらに一連の判別形質が要約されています。どのページも他のデータベースと直に、あるいはリンクを介してつながっています。そのページには、当該種について知られているすべて、遺伝暗号、生化学、地理的な分布、系統的な位置、習性、生態的な特性、とりわけ人間にとっての重要性などが取りまとめられるのです。

どのページも無限に拡大可能です。掲載内容は絶えず関係者によってチェックされ、新しい情報によって改訂されていきます。それらのページ全体が《生命の百科事典》を構成します。その掲載内容は比較生物学総体そのものということになりますね。

そのような《生命の百科事典》の構築を支持する切実な理由があります。生物学の全体としての発展を支える力となることは特に重要な点です。地球上の生物すべての種の記載が完成に向かい、どのページについても遺伝子から生態系まであらゆるレベルの情報が充実する状況となれば、新たな現象群が急速に注目されるようになることでしょう。生命圏とそれを構成する種に関する私たちのごくわずかな知識から、それらの重要性を予想するのは無理というものです。マイコプラズマ、トビムシ類、クマムシ類などをはじめとする、未知の部分のはなはだ大きな多様な生物たちから私たちが何を学ぶことになるのか、予見できるものはいないのです。取り扱われる種の数が増えていけば、私たちの生物学的な知識の欠損部分は、地図の空白部分のように目立ちはじめるはずです。重力に引かれるように、研究者たちはその空白領域に集中していくことでしょう。

人類史上で初めて、全生態系を構成する種を調べあげることができる時代となります。現時点では名前もつけられていない種のほとんどの部分を占めるはずの、微生物や、最も小さな無脊椎動物たちの正体が明らかになっていきます。そのような百科事典的な知識を持つことによって生態学は科学として成熟し、種ごとの生態に関する予測力を手に入れ、そのきめ細かい知識を基礎として個々の生態系についても予測力を獲得していくことができるのです。

実用的成果として、人類が生物的世界に及ぼすインパクトは、現在に比べて遥かに信頼性ある形で、詳細に至るまで予測可能になることでしょう。たとえば、種の絶滅率に関する現状の推定値は、被子植物、地上ならびに淡水性の脊椎動物、そして無脊椎動物のごく一部であるチョウや軟体動物など、詳細のよく知られている、しかし分類学的には分散したグループのデータに基づいています。これらの分類群は地球の既知の生物種の四分の一を占めるに過ぎません。未知種を含めればその比率がさらに小さくなるのは確実です。未来においては、地球の生物種のほとんど、また地球における物質とエネルギーの循環にかかわる重要な経路のほとんどを担っている昆虫類、線虫類、そして菌類やその他の微生物のほとんどすべてについても、絶滅率が推定されるようになることでしょう。

《生命の百科事典》は、実践的な生物学のあらゆる分野において、人間の福利に寄与することになるでしょう。農業利用の可能な野生植物、穀物生産を増強できる遺伝子、新薬の発見なども加速されます。病原生物の発生や有害動植物の侵入の予測ならびに阻止する力も向上するでしょう。そのような知識の増大が実現すれば、身の回りの生物世界に存在する黄金のチャンスをかくも頻繁に見逃し、あるいはそこから登場する破壊的な外来生物にかくも頻繁に急襲されるなどということは、絶えてなくなることでしょう。

《生命の百科事典》は、生物学的な知識の統合が切実に必要とされているという理由だけからしても論理的な必然です。形成途上の、最も初期的な段階である現状においてさえ、それは比較研究の急速な組織化を促す基盤的な枠組となっています。そのプロセスは、原模式標本や印刷された文献を繰り返し参照する作業にいまだに大きく依存している伝統的な分類学の手法が、高解像度のデジタル画像や、ＤＮＡの塩基配列分析や、インターネットによる出版に移行するにつれて、目覚ましく進むことでしょう。種ごとのページに総合されていく研究成果の増加に従って、新しい研究領域がさらに速やかに開かれていきます。実験室ならびに野外の研究においてモデルとされるべき生物種も、生物学のすべての課題にはその解決に最も適した理想的な生物種があるという原則にしっかりそった形で、はるかに容易に発見されるようになることでしょう。

種を基礎に構造化され、単純アクセスで活用のできる《生命の百科事典》が成長していけば、すでに膨大な量に達している生物学的な情報の検索も楽になっていくことでしょう。他の方法では多大な時間と労力を要するはずのパターンの検出も、コンピューターの検索エンジンの活用によって抽出することが可能になります。かつてない能率と透明性において、各種の原理や理論の構築、脱構築、そして再構築が進んでいきます。

そして究極の、最も深いレベルにおいて、《生命の百科事典》は生物学の性格そのものを変換させる宿命を帯びていると、私は信じています。それは生物学が基本的に記載的な科学であるという理由によります。生物学は、その機能的な説明にあたっては物理化学の堅固な基盤を頼りとし、進化的な説明にあたっては自然選択の理論を頼りにしています。しかし生物学は、そもそもその構成要素の個別性に基づき、個性的な学として定義されているのです。すべての種は、その遺伝コードから体の構造、行動、そして生活史に至るまでそれ自体が一つの小宇宙であり、想像をはるかに超えた複雑な進化の歴史を通して創造されてきた、自己永続的なシステムです。かくしてすべての種は、それぞれに献身的な科学研究に値し、また、歴史家や、詩人の祝福に値する存在なのです。同様な事情は、個々の陽子や水素原子にはありえないものです。要約すれば、これこそ創造された生命の世界を救済すべしとする、科学からの抗しがたい倫理的な主張なのです。

第四部 創造された生物の世界についての教育

生命の多様性を救済し、自然との共存を果たすための唯一の道は、生物学の知識と、その発見が人間の条件にとって意味するところを、広く共有することである。

IV Teaching the Creation

The only way to save the diversity of life and come to peace with Nature is through a widely shared knowledge of Biology and what the findings of that science imply for the human condition.

第十四章

生物学　いかに学びいかに教えるか

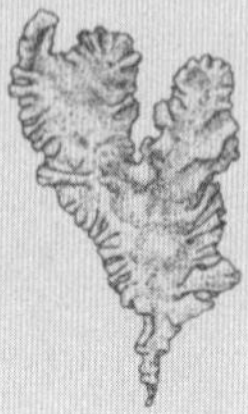

学習への愛の基本要素は、ロマンチックな愛、国への愛、神への愛と同じものです。それは特定の対象への情熱です。楽しい思いとともにある知識は心に残るのです。それは、意識の表層に呼び出されると他の記憶回路の引き金を引き、創造的思考の切っ先となる比喩を作り出します。他方、機械的な学習は、たちまち言葉や事実や挿話の寄せ集めに変貌してしまいます。教養教育の聖杯は、科学と人文の領域、つまりは文化の最良の領域に、組織的に情熱を展開させることのできる方式でしょう。

とはいえ私には、そんな情熱をわずかな言葉で定義する能力はありません。それは、まことに多様な、予期もしない形で登場するからです。しかし個人的な体験を通してなら、皆さん同様、私も何がしかの自信を持って例示することができます。アラバマ大学での学生時代について私が最も鮮明に、朗々と思い出すことができるのは、三人の先生方に教えられたことです。あれから五〇年。先生方から頂いた贈り物は、すでに十分長い時間を経て、時の検証を経ております。

五〇歳を少し超えた未婚の女性教師だったセプチーマ・スミス先生は、まるで医学部の現場教官のような熱心さで医療寄生虫学を講義してくださいました。彼女の知的世界は、当時アラバマの農村地域に蔓延していた病害にかかわる微生物、線虫、無脊椎動物の動物論でした。先生は、すべての学生が、この分野について正確かつ網羅的に学習すべしと強調されました。二年生だった私には、自分の血液と便の塗抹標本を精査し（思春期にアラバマの農業地帯を巡りまわったにもかかわらず、なんと、検査の結果は陰性でした）、実験室に確保されていたサンプル生物を用いて主要な病原生物種の生活史を追跡する課題が与えられました。セプチーマ先生にとって寄生虫学は、単なる大学の教育課程ではありませんでした。それは人生そのものであり、研究を継続していたら私自身の専門職業となっていた可能性もあったものでした。先生が本気だったので私の取り組みも真剣でした。学生に対する先生の期待が高かったので、私も努力したのでした。その授業で学習した内容のほとんどを、私はいまでも覚えています。スミス教授の下での学習から数十年もの間にわたり、当時私が描いたマラリア原虫の生活史の描画を、私はハーバードでの自分の授業で、折々に利用してきました。

アラン・アーチャーは、教員ではありませんでした。教師になろうともしませんでした。それが彼を好人物にしていたと思います。現在と同様、アラバマ大学のキャンパスの中央地域近くにアラバマ自然史博物館がありました。彼はその学芸員の一人でした。友好的なのに内気だった彼は、博物館の後部にある小部屋に一人こもって、クモ類の標本を整理していました。私が彼のもとを訪ねはじめたのは一八歳のころでした。私はアリの研究を彼に話し、彼からクモ類の分類に関する即興の講義を聴いたものです。私にとってそれは、外見は些細に見えても、実は地球の生物多様性の限りなく精巧な部分に没頭する生物学者との、感動的な交流でした。アーチャーは専門家でした。彼も私を一人の専門家のように扱ってくれました。それが私に自信を与えてくれたのです。彼は私に現場の科学者の話し方も教えてくれました。彼は富にも名声にも無頓着でした。彼の関心はひたすらクモ類の生物学と分類に向けられていました。彼の言葉のすべてを理解することはできませんでしたが、彼の「歌」を、私は理解したと思います。

学生は誰であれ、ラルフ・チェルモック先生のような教師に、少なくとも一度は出会う幸運に恵まれるべきです。とりたての博士号を持ってチェルモック先生が着任したのは、私が二年生のころでした。先生は私の生物学学習の担当者となりました。チェルモック先生の小さな弟子集団で最年少だった私は（残りは全員、第二次世界大戦の従軍経験者でした）、すぐに進化理論の現代的総合領域の研究を読み、論議するようになりました。チェルモック先生は抽象的な夢想家ではありませんでした。進化生物学は、野外で収集された自然史の堅固な土台のもとで進められるべきと信じていました。「生物一万種の名前に通じないうちは本物の生物学者とはいえない」。そう、そのとおり。カリスマ的な指導者が明解に定義する高い目標ではありましたが、それは私が心から聞きたいと思っていた意見でした。合衆国の他の地域に比べると、当時のアラバマは、動物相も植物相もまだよく知られていない状況にありました。チェルモック先生に励まされ、われら熱血漢たちは、アラバマ州のあらゆる地域に野外調査に出ました。はるか彼方のレッドロック交差点から、クレイハッチーを経てバイユー・ラ・バターへ、その間に散在する各地へ、アパラチアン山脈裾野の丘陵地から、モビール＝テンソー川の沖積地の森林域へ。とりわけ繰り返し訪ねたのは、当時まだほとんど探査されていなかった、入り組んだ洞窟網でした。私たちは標本を集めて、集めて、集めまくりました。主として両生類と爬虫類でしたが、アリや甲虫も収集しました。三年にわたる探険旅行の間、自ら目にした現象を素材として、私たちは進化生物学を、自然史を語ったのでした。成果はチェルモック先生に報告されました。それと意識することもないうちに、私たちは本物の、実践的科学者になっていったのです。当時集めた標本やデータはいまも利用されています。同僚の中に、一万種の名前をマスターしたものがいたのかどうか、確かではありません。新しい名前を覚えれば、古い名前を忘れてしまうのは、私も他の人々と同じです。しかし、野外で私たちの心をとりこにしていた課題や、直接の指導を通して私たちの得た喜びは、骨の髄までしみわたり、私たちの魂を形成しました。同僚たちはやがて、一人残らず生物学の教授になりました。五〇年を過ぎたいまでも、私たちは自らを、チェルモック団と称しています。

生物学の教育は人間の福利のためだけでなく、他の生物世界の生存にとっても重要です。かつて私がこの問題について語りあったことのある自然保全主義者たちは、例外なく、「生物の世界への市民の一般的な無関心は、生物学の入門的な教育の失敗である」と考えていました。厳密な科学としての生物学は、分子生物学、神経生物学、そして生化学的な研究であり、進化や環境にかかわる研究ではないとする一般的な誤解によって、事態はさらに悪化しています。しかし、これまで私が強調してきたように、現状においてすでに生物学の半分、そして将来は半分以上が、生物多様性や生命的な環境にかかわる分野の研究となっています。この領域には、生物学に固有な知的情報の多く、そして市民に直接関連があり、さらに潜在的な利益になるような情報が含まれているのです。

生物学は間口が広いので、知識だけでなく概念を理解し、学習の仕方を理解し、自ら考えることができ、またそのように動機付けのできる市民の育成を目指す一般教育に適していると思われます。

では、どうしたら生物学は、最もよく一般教育の一部を占めることができるようになるのでしょうか。私は自前の回答を持っていると思っています。ハーバード大学の学部教育に関与した四一年間のほとんどにわたり、私は、主専攻としてではなく一般教養のプログラムとして受講する学生たちを対象とした、入門生物学を教える機会に恵まれました。私の講義の焦点は、個体と、生態系のレベルでした。学生たちとともに、進化のプロセスについても十分に論及しました。努力目標は一般的な成果を上げることでした。幸い、学生たちの評価は高く、学内の二つの教育表彰を授かることもできました。これらの年月を通して、ハーバードにおけるすばらしい講義の聴講や、私自身の試行錯誤を通して学んだ教育法に関する諸原理は、学部ならびに大学院教育プログラムのあらゆる場面で、また中等教育における上級レベルの教育において、同様に適用することができると、私は信じています。その諸原理の重要性については、合衆国ならびに海外の多くの総合大学や教養型の大学で私が担当した講義や参加した会議の場において、重ねて確証を得てきたものです。

生物学教育第一の原理 「講義はトップダウン方式で進める」

四〇年にわたる教育経験から私が何かを学んだとすれば、それは、知識の伝達と思索を促すための最良の方法は、個々の主題を一般的なものから特殊なものへという秩序で教育することです。まず、学生たちがすでに興味を持ち、人生にとって重要な大きな疑問を提示します。ついで知識を伝え、思考を刺激することを狙いとして、現状における理解に沿い、専門性ならびに哲学的な論議の詳細に分け入る方式で、因果関係のレベルを順にたどっていきます。たとえば加齢と死をテーマとする場合、まずは進化、遺伝、生理学の知識を駆使して最善の説明をし、次いで人口学、公共政策、さらに哲学的な関連を話題にします。さらに要望があれば、加齢や死の問題が、歴史、宗教、倫理、さらに芸術の領域にどのような関連を持っているかまで説明をします。「まずはかくかくの分野について学び、しかじかの分野についても学び、しかる後に両分野の知識を総合して全体像を描きたいと思います」というような、ボトムアップ方式の教授は避けるべきです。すぐ退屈する学生に対して、点描で絵を描き上げるような方法を適用してはいけません。そうではなくて、まずは可能な限り速やかに全体像を示すこと、しかる後にそれが学生たちにとってなぜ重要なのか、さらには生きることそのものにとっていかに重要でありうるかを示すべきです。そのうえで、課題の全体を、基礎まで分解していくということです。

例として、性の問題を取りあげましょう。性にかかわる解剖学や、行動、生理学、妊性や産児調節のことではありません。まず問われるのは、「なぜ性が存在するのか」という問題です。この問題について生物学者はどのような見解を持っているのか、哲学者や、神学者、小説家などとはどのように異なる見解なのか。そもそもなぜ人間——正確に言えば女性——は、未受精卵から胎児を成長させるという単為生殖をしないのでしょうか。無性的な繁殖方式は動物界に広く見られる現象です。そもそもなぜ、雄や精子が存在する必要があるのでしょう。普段考えることのないようなこれらの質問に、アダムとイブ、神の意思などという地点で思考をとめず、背景にある進化的な有利さという究極の答えを求めていけば、遺伝的多様性の問題にたどり着きます。二対の遺伝子コードを所有することは、不断に変化する環境に対応する柔軟性を個体に提供します。古典的な例をあげます。サハラ以南アフリカの地域では、親の一方から鎌形赤血球貧血症の遺伝子を一つ受け継いでいると悪性のマラリアに対抗性を持つことができ、相同染色体上で対応するもう一つの遺伝子が正常型の遺伝子であれば、貧血症を発症させる鎌形赤血球貧血症遺伝子の効果を致死レベル以下に抑えることができるのです。その結果、悪性マラリアが普通にみられる地域には鎌形赤血球貧血症が広くみられるにもかかわらず、鎌形赤血球貧血症遺伝子が、正常遺伝子を排除してしまうこともないのです。

一般的に言うと、二対の遺伝子コードを持つことで親は遺伝子構成の多様な子どもを生み出すことができ、結果として絶えず変化する環境の下でも、少なくともゼロでない少数の子孫を将来に生き延びさせることができるのです。とはいえ、遺伝的な多様性を生み出すことが性を進化させた究極の要因であるとするこの見解は、一つの理論に過ぎません。この理論を検証するために、生物学者たちはどんな工夫をするのでしょうか。その理論はすでに確証されているということなのでしょうか（その理論は、証拠によって強く支持されていますが、疑問の余地なく確証されたという状況でもないというのが実状です）。

以上のような方式で私は学生を挑発します。新しい問題意識を持たせ、従来の心地よい思い込みや信条に挑み、学生たちをともに考える仲間にし、自ら知的・精神的な探求におもむくよう後押しします。かくしてハーバードの学生たちに卒業祝辞で告げられる、「教養ある卒業生」の列に参加するための心の準備をさせるということです。

自然科学の教員なら世界中どこでも同じですが、数学嫌いという大きな障害に、私もまた直面しています。教育下にあるホモ・サピエンスに急激に広がっている呪いのようなものです。ハーバード大生の多くは主専攻を人文科学領域と定めています。その領域で、数学とは異なる言語的厳密さに直面しているはずなのですが、あるいは数学の能力がないという自覚があるために、可能なかぎり自然科学は履修しないという選択をしているのかもしれません。宇宙の起源にせよ、気候変動の問題、生命の進化、そしてもちろん性の意義にせよ、自然科学の主題は彼らにとって大変に魅力的なはずなのですが、それらの理解に必要な定量的な思考があまりに難しいと感じられてしまうのでしょう。

数学嫌いを決め込む人々は勘違いをしています。数学は言語の一種に過ぎません。その言語は思考の習慣の一つに過ぎません。中国の漢字も、数学的な議論も、訓練していない人には同様に神秘的なものなのでしょう。しかしまったく同様に、人生の早期に学んでしまった人々には当たり前のものなのです。数学の標準的な記号とその操作法を学び、第二の本性になってしまうほどに繰り返し利用すれば、方程式の取り扱いは本の中の文章を読むのとあまり変わりのない作業です。集団遺伝学の教科書は、『ユリシーズ』［アイルランドの作家ジェイムス・ジョイスによる小説］よりわかりやすいはず。英雄ベオウルフの叙事詩の原文［八～九世紀に成ったと言われる、英文字最古の作品の一つ］に比べたらはるかに簡単です。

数学という言語をずっと避けてきた学生や市民をその世界に導きいれる最良の方法は、現実世界における重要で興味ある問題を素材としてトップダウン方式を採用することです。私の最も気に入っている例を以下に紹介します。遺伝病あるいは疾病への遺伝的な傾向は、人々が極めて強い関心を寄せる問題です。欠陥遺伝子はあらゆる人間集団に発生するものであり、自然流産、幼児期の死亡、子どもや成人に見られる多数の症候など、軽微なものから致死的なものまで、あらゆるカテゴリーの疾病を引き起こします。血友病、鎌形赤血球貧血症、嚢胞性線維《のうほうせいせんい》症《しょう》、ハンチントン舞踏病、個人的な特性を示す色覚障害などは最もよく知られている症例でしょう。これらの症例を引き起こす遺伝子はどの程度一般的なのでしょうか。それらの引き起こす障害はどの程度の頻度なのでしょう。

それでは、ここから二つのパラグラフにわたり、毎年ハーバードの数学嫌いたちで構成される会衆に与えられる説明をたどってみます。お付きあいください。その実態は抽象的な数学記号なしの数学的定式であるメンデル遺伝学の初歩的原理を学生が学んでしまえば、集団遺伝学と進化理論の基礎となるハーディー・ワインベルク方程式を理解する準備が整います。この方程式の意味するところは以下のとおりです。個々の個体は、同じ種類の染色体を二本持っており、染色体の与えられた位置には、それぞれ異なる遺伝子があると仮定します（もちろん両方とも同じ遺伝子でもかまいません）。人間の集団を考え、その中にそれぞれの遺伝子がいくつあるか、数えましょう（それぞれの個体につき、染色体の特定の部位に対応して両親のそれぞれに由来する二つの遺伝子があるので、遺伝子の数は個体数の二倍になります）。その部位における一方の遺伝子の頻度を仮に八〇％（頻度は〇・八）、他方の遺伝子の頻度を二〇％（頻度は〇・二）としましょう。ハーディー・ワインベルク方程式は、集団（この例では人間）の中で第一の遺伝子を二つ持つ個体の頻度は第一の遺伝子の頻度の二乗、すなわちこの例では0.8 × 0.8 = 0.64となり、第二の遺伝子を二つ持つ個体の頻度は第二の遺伝子の頻度の二乗、すなわち0.2 × 0.2 = 0.04となり、異なる遺伝子を一つずつ保有する個体の頻度はそれぞれの遺伝子の頻度をかけ合わせた量の二倍、すなわち0.8 × 0.2 × 2 = 0.32となることを示しています。これら三つの頻度はあわせて一・〇（一〇〇％）にならなければいけませんので、足し合わせて0.64 + 0.04 + 0.32 = 1.0となることが確認できます。

以上で説明は終わり。もうあなたはハーディー・ワインベルク方程式を数式で書き下すことができます。すなわち、$p^2 + 2pq + q^2 = 1$ これを数字で表せば、$(0.8 \times 0.8) + (2 \times 0.8 \times 0.2) + (0.2 \times 0.2) = 1.0$ となります。封筒の裏面を使って、かつてゴッドフレイ・H・ハーディーとヴィルヘルム・ワインベルクが一世紀前に行ったのと同様、メンデル遺伝学の第一原理からハーディー・ワインベルク方程式を導き出すこともできるようになります。

ハーディー・ワインベルク方程式はなぜ重要なのでしょう。概観から一目でその存在のわかる普通の遺伝子を例にして説明しましょう。その種の遺伝子の多くは劣勢、すなわちその働きは優性遺伝子にブロックされ、同じ遺伝子が二つ並べば発現するという性質を持っています。教室に座っている学生たちが、自分で判断することができる事例には、以下のようなものがあります。耳たぶが頭部から垂れ下がる特徴と頭部に密着する特徴［分離型は優性、密着型は劣性の遺伝子による形質］、富士額《ふじびたい》の有無［富士額は優性遺伝子の影響とされる］、舌を丸めることができる能力と丸めることができない特性［丸めることができる能力は優性の遺伝子による形質とされる］、九〇度以上そらすことのできるヒッチハイカーの親指［劣勢の遺伝子の影響を受ける形質とされる］の有無などです。これらについて私たちは、集団中の遺伝子頻度を直に推定することができます。同時に、優性遺伝子を二つ持つ個体、一つ持つ個体の頻度を推定することもできます。ここまでくれば教員は、耳たぶの特性や富士額の有無が疾病の罹患《りかん》可能性と特に関係はないことを明示しつつ、おなじハーディー・ワインベルク方程式が疾病を引き起こす遺伝子についても適用可能であることを指摘することができるのです。ハーディー・ワインベルク方程式は現代医学の重要な部分ということですね。ほとんどすべての学生たちが、欠陥遺伝子を持つ個人、しばしば近縁者を知っているものです。

生物学教育第二の原理 「生物学の外に話題を広げよ」

現在進行中の爆発的な知識の成長、とりわけ自然科学領域での成長は、諸分野の統合を促し、学際的な研究を単なるレトリックでなく、現実的なものとしています。たとえば生物学は今日、異領域の合体した下位諸分野がすばらしいスピードで進化する万華鏡のような様相を呈しています。専門雑誌や大学の専門教育のカリキュラムには分子生物学、神経内分泌学、行動生態学、社会生物学などという名前がひしめいています。

生物学は社会科学や人文科学領域との境界域にも拡大しており、社会科学、人文科学領域もまた生物学領域に拡大しています。その一つの帰結として、研究の大分野を分かつ認識論的な分水嶺と受け取られていた領域が、従来とは様相を大きく異にするさらに興味深い領域として、アカデミックな霧の中から立ち現れてまいりました。それは、以前分水界とされていた、両側からの共同的なアプローチに開かれたほとんど未踏の現象群からなる広大な中間領域です。すでに、中間領域の一方に位置する分野、たとえば神経科学や進化生物学などが、他方に位置する近隣領域である心理学や人類学と結び付いています。

この中間領域は、例外的な速さで知識の進歩が見られる領域です。さらにこの領域は、学生たち（そしてその他の私たち）にとって極めて興味深い諸問題を取り扱っています。生命の本質とその起源、性の意義、人間本性の基礎、生命の起源と進化、死の必然、宗教と倫理の起源、審美反応の原因、人間の遺伝的・文化的進化における環境の役割などです。

生物学教育第三の原理　「問題解決に焦点を合わせる」

教授法におけるトップダウン方式が有効であり（事実機能しています）、諸分野の収斂《しゅうれん》・統合がさらに進むという状況をふまえると、将来における一般教育の最良のアプローチは、専門分野思考を抑え、問題解決思考をもっと重視する方向となるでしょう。そのようなアプローチのもとで、特定のコースにおいて取りあげられるべき主題（大きな課題）は、例えば以下のようなものになるでしょう。人間本性の特性とその帰結、倫理的な思考の基礎、地球規模における淡水供給の危機とその解決法。そのようなアプローチを実現するには、教員に広い視野が必要です。あるいは、少なくとも、相補的な専門性を備えたグループによる共同的な教育が必要となるでしょう。

知識は統合に向かう必然性があると私は考えています。それはリアルな生命・暮らしの反映です。世界の出来事の推移を見ると、教育ある人々は諸分野を横断することを通して、大きな諸問題に、分析的に勇気を持って、以前よりはるかに有能に取り組むべきと思われます。私たちはいま、現実的かつ経験的な感触を持って、統合の時代に足を踏み入れているのです。モットーは《自ら勇気をもって考えよ（*Sapere aude*）》ですね。

生物学教育第四の原理「深く切り込み、遠くまで行く」

すべての大学生は、二年生までに自分自身の教育について何がしかの戦略的な思索を開始すべきでしょう。最善の道はT型戦略だろうと思います。垂直軸は専門領域に深く進もうとする意欲、水平の横棒は教養教育によって身につける幅広い経験を表しています。専門性は職業選択あるいは大学院進学のためでもあります。一般教養は知性の柔軟さや成熟のためです。この方式は、従来から多くの総合大学や四年生の単科大学において推奨されている組み合わせでもあります。学生たちは、二年生までに英語、経済学、生物学などを主専攻、あるいは中心研究領域として選び、さらに大学の知的景観にちりばめられている多様な選択科目からも学習コースを選ぶよう期待されています。しかしほとんどの学生は、そのような選択が当人たちにとっても最善であると、説得される必要があるのです。

生物学者を目指そうという学生には、彼らの学習・研究計画と関係なく、ハーバードにおいて数百人の学生に私が与えてきたのとまったく同じアドバイスを送りたいと思います。ある程度心の整理がついたら、以後、全力で打ち込もうという分野を生物学の中から選び、生物学の他の分野は一般教養と同列に扱うのがよいと思います。あなたの直感を信じて、分子生物学、行動生態学、生態学、あるいは広義の生物学の領域の中から特定の分野あるいは複合分野を選び、どんどん進むべきです。もちろん、将来の自分の知的な持ち場の位置をしっかり確認するために、周辺領域も折々に訪ねてみることです。

生物学の集中研究生として私の下に来る学生の大半は、予想通り医科大学志望なのですが、全体の四分の一あるいはそれ以上の学生が野外生物学者を目指してきました。仕事に就ける機会はいつも本当にわずかなのに、その道を選んできたのです。しかし、ナチュラリストを目指すそれらの学生たちに対しても私のアドバイスは変わりません。自分の心の望むままに進むことです。

生物学教育第五の原理「全力で打ち込むこと」

学習を促す動因としての情熱という点で言えば、教育技術、そして主題そのものへの明白な愛を通して表現される教員の献身ほど効果的なものはありません。中等学校の生徒や大学生は、自分独自のアイデンティティーを求めると同時に、個人を超える大きな正当性も渇望します。平凡か高貴かさまざまではあれ、若者たちは何らかの手段を通して、成熟の印であるそれらを手に入れていくのです。その過渡期において、若者たちは、信頼すべき助言者、指導者、模倣すべきヒーロー、そしてリアルで持続性のある成果を必要としています。

次章において私は、そのような魂の発達にとって、大自然こそ最も適切な劇場なのだということをお話しします。

第十五章 ナチュラリストの育てかた

生きた自然への遡及（ascent to Nature）は子ども時代にはじまります。だから理想的に言うと、生物の科学はできるかぎり幼い時期に紹介されるとよいものです。子どもは誰でも入門段階の探険ナチュラリストです（＊24）。狩猟者、採集者、スカウト、宝物探し、地理学者、新しい世界の発見家、これらすべてが子どもたちの魂に現存しているのです。痕跡的な形ではあれ、表出への緊張が存在します。太古の昔から、子どもたちは自然環境に触れながら育てられてきました。部族の生き残りは、野生動植物に関する緊密で具体的な知識に左右されてきたのです。

しかし数百万年にもわたるそのような暮らしを経て、突如、農業革命が、祖先たちの進化の場であった生息地からほとんどの人々を切り離してしまいました。彼らは従来とは比べものにならないほど少数の動植物に依存して生きるようになりました。生物学的に貧しい環境のもと、反復的な労働によってのみ栽培可能な作物ということですね。農業的な余剰があるので、ますます多くの人口が村や町に流入し、人々は祖先たちの環境からさらにかけ離れていくようになったのです。今日、人類のほとんどは人工的な環境に暮らしています。ホモ・サピエンスという種の揺籃《ようらん》、起源の地の姿は、概ね忘れ去られてしまいました。

しかし、先に挙げたような古くからの本能は、まだ私たちの内に生きています。それらは、芸術、神話、宗教、そして庭や公園、さらには狩猟や釣りなどといった、考えてみれば実に奇妙なスポーツにも表現されています。アメリカ人はプロスポーツのイベント会場より、動物園でより多くの時間を過ごしています。年々混雑を増している国立公園の野生地で過ごす時間もまた、プロスポーツのイベント会場より長いのです。伐採のない国有林や自然保護区におけるレクリエーションは相当額の利益も生み出しており、アメリカ合衆国のＧＤＰに毎年二〇〇億ドルほどの寄与となっています。産業文明のテレビや映画には、野生の自然の画像があふれています。個人的な富裕さの目安の一つは、別荘を持つことですが、それは牧歌的あるいは自然的な環境にあるというのが典型的です。それは、心の平安のための隠れ場所ということでもあり、また、そうしなければ喪失されてしまいそうで、しかし忘却することもできないような何かへの帰還なのです。バードウォッチング（訳知りのマニアが好む表現では「バーディング」）は、主要な趣味の領域となり、しっかりした産業にもなっていますね。

ナチュラリストであるということは、単なる活動の一種ではなく、誇りある魂の状態でもあるのです。アメリカの偉人の中にも、ナチュラリストであることの価値を表明し、生きた大自然の保全に尽くした人物たちがいます。ジョン・ジェームズ・オーデュボン、ヘンリー・デイヴィッド・ソロー、ジョン・ミューア、セオドア・ルーズベルト、ウィリアム・ビービ、アルド・レオポルド、レイチェル・カーソン、ロジャー・トリー・ピーターソンなどです。生きた大自然と近しく生きる世界の諸文化は、自然史［ナチュラルヒストリー］の分野における能力を高く評価しています。手作業的な狩猟・漁労や自給的な農業を頼りとする人々にとって、生きた自然に関する知識は命がけです。認知心理学者ハワード・ガードナーは、自然にかかわるそのような能力を、人間知性の八つのカテゴリーの一つと定義しています。

ナチュラリストは、暮らしの足もとの環境に存在する多数の生物種（動物相、植物相）を識別し、分類する能力に長けているものです。有用さや危険さが特に際立つ生物種を識別できるというだけでなく、新顔でなじみのない生物を適切に分類することのできる人物は、どの文化においても重視されます。形式的な科学の存在しない文化においては、代々受け継がれてきた〈民俗分類学（Folk Taxonomies）〉とでも言うべき知識を巧みに活用できる人物がナチュラリストです。科学的な思考とともにある文化においては、承認された形式的な分類に沿って生物種を識別し、整理することのできる生物学者が、ナチュラリストということになります。

才能あるナチュラリストの認知力は、たとえば産業社会の実務的な活動を含む他のさまざまな分野でも能力を発揮します。ガードナーによれば、「植物、鳥、恐竜などを簡単に識別する子どもたちは、スニーカー、自動車、サウンドシステム、宝石などを分類する場面でも同じスキル（あるいは知能）を応用します」。さらにまた、「芸術家、詩人、社会科学者、自然科学者たちのパターン認識能力は、すべて、ナチュラリスト的な知能に伴う基本的な識別能力の上に築かれているという可能性がある」と述べております（＊25）。

いのちある自然界への生得的な関心と定義されるバイオフィリアは、進化の歴史において、個人ならびに部族にとって適応的な機能を果たしてきたという考えを私が提示したのはもうかなり前のことです〔巻末の原注＊6を参照〕。いまナチュラルヒストリーは、その基盤をさらに人間とかかわりの深い領域、そして人文科学の領域に拡大させる形で、生物学に復権しているのです。

すべての子どもたちのナチュラリスト的な知力を、最もよく育てるにはどうしたらよいのでしょうか。ナチュラルヒストリーに才能のある子どもたちの力をさらに鍛えるにはどのようにしたらよいのでしょうか。心理学の研究者たちはこれらの疑問にほとんど注目してきませんでした。以下、私は、個人的な経験と、親や教師、そして子どもたちとの多年にわたる意見交換を通して学んだことを基本として、この問題に取り組んでみます。

子どもたちは、幼い時期に生きた自然に心を開きます。刺激を受け促されれば、その関心は、人間以外の自然との結び付きを強めるものとして段階的に発現していきます。脳は心理学者たちが下準備のある学習と呼ぶ過程が可能なようプログラムされています。いとも容易に、しかも感動を伴って記憶してしまうような体験と関連した学習ですね。対照的に否定的な準備のある学習というのもあります。学習を忌避する、あるいは、いずれ拒否するために学んでおくというような学習です。花や蝶はオーケー、ただしクモやヘビはだめ、という学習ですね。

そのような偏差のある学習に関する進化生物学からの説明は明快です。環境中にあって健康で生産的な部分を示唆する手がかりは、遺伝的にすばやく反応する正の強化を受け、教えられたり反復されたりする必要が無いのに対し、危険を示唆する手がかりは同様に速やかに負の強化を受けるのです。

子どもたちのナチュラリスト能力の育成を望む親、教員、さらには聖職者などへ向けて、私は、長い歴史の検証を経たアドバイスをいくつか持ちあわせています。自然への窓を開いてやりましょう。ただし後ろから押してはいけません。子どもたちは狩猟採集民であると考えましょう。子ども野外探検、あるいはその代理として動物園や博物館を探検する機会を作ってあげましょう。子どもたちの、単独あるいは同好の小グループによる探索活動を促しましょう。子どもたちが自力で、コーチなしに、自然を少し撹乱できるようにさせましょう。観察ガイドブック、双眼鏡、そして学校には必ず、可能なら自宅にも顕微鏡を準備しましょう。子どもたちの自主性を励まし、褒めましょう。思春期になったら仲間と野生の地域へ、外国へ、機会と資金が許す限り冒険に出るのを認めましょう。すべてのことを、自分自身のペースで学ばせましょう。この過程の最後の段階で、子どもたちの選択する職業は、法律、マーケティング、軍人、とさまざまでしょう。しかしどの道を選ぶにせよ、彼らは生涯ずっとナチュラリストのままのはず。しかもそれを感謝して……。

以上のアドバイスから、ナチュラリストになるということは、幾何学や外国語を学ぶのとは違うのだということが明らかにできたら幸いです。子どもたちを生きた自然に導くためと、樹木や藪の植物に名前のラベルの貼られた散策路に連れ出すのは間違いです。子どもは、言葉の最も良い意味において、野生人です。子どもたちは発見の興奮に至るスリルを体験する必要があります。せわしく動き回り、可能な限り自分自身で学ぶ必要があります。

たとえば、子どもに小型の複合顕微鏡を買ってあげましょう。いまなら、スケートボードやディズニーワールドへの航空券より安く手に入るはず。そして、池の水草や藻類のあるところからスポイトで採取した水を覗いてみるよう促してみてください。先回りして何が見えるか言わないように。いままで経験したことのないものが見えるとだけ示唆しましょう。その視野の中で子どもは、一七世紀の顕微鏡家であった、アントニー・ファン・レーウェンフックやヤン・スワンメルダムを驚かせたのと同じ光景に出会うのです。それは、透明な体を自在に変形させながら腐食の断片の間をヘビのように蛇行して進み、ときに物に止まると頭頂部にある毛のような繊毛を広げて水の循環を作り出すワムシたちや、水中を旋回しながら突進し、酔っ払った運転者のように障害物に衝突していく原生動物、水晶のように透明な殻を持った珪藻《けいそう》、さらにさらに多様な無数の微生物たちの棲むミニチュアのジュラシックパークなのです。

私は八歳のときにこの経験をしました。両親が顕微鏡を買ってくれたのです。両親がなぜそうしたか思い出せませんが、それはどうでもよいことですね。顕微鏡を通して私は自分だけの小さな世界を発見しました。完全に野生で何の制約もなく、プラスチックも、先生も、本も、予想されそうなものは何もない。当初私は、水滴の住人たちの名前も、また彼らが何をしているのかも知りませんでした。しかし歴史上の顕微鏡のパイオニアたちもそうだったのです。彼らと同様、私はやがて蝶の鱗粉《りんぷん》や他のさまざまな対象に向かっていきました。そのような仕方を通して私がいったい何をしているのか考えたこともありませんでしたが、実は、それが純粋科学だったのですね。熱中してしまうすべての子どもたちと同様、当時の私は、以下のように語るレーウェンフックの仲間だったと思います。「(私の仕事は) いま私に与えられている賞賛を得るために進められたものではありません。そうではなく、知識を得たいという熱望が主な動機でした。私の中に、他の人々より強くその熱望が宿っていたことはわかっていましたが……」

知識への渇望は、発達する子どもたちの心を支配するアルケタイプ〔原型〕を繰り返し反復することによって高まるように思われます。八～一二歳のころ、多くの子どもたちが秘密の場所を作りたがります（＊26）。洞窟や廃屋なら理想的。しかし使用されていない場所でプライバシーが保障されていれば、事実上どこでも利用が可能ですね。秘密のシェルター作りには、小さな樹木（私はこれを使ったのですが、なんとそれは有毒なオークの若木でした）が使えるし、古材、廃棄されたコンクリートブロック、その他間にあうものなら何でも材料にできるものです。理想は木の上の小屋ですね。プライバシーの点でも雨露をしのぐのにも最高だからです。当然のこと、その立地は、たとえ小さな雑木林のようなものであっても、森がいい。そんな秘密の場所で、子どもは少数の仲良したちと一緒に雑誌を集め、読んだりしゃべったりしながら、周囲の大地に絶えず目を配るのです。

子どもというものは生まれながらの宝探しであり、収集家です。自然環境に触れる機会さえあれば、子どもたちは鉱物片（宝物！）や、チョウやその他の虫、その他ありとあらゆる小さな生きものを集めはじめることでしょう。そんな行動を励ますべきです。ここで不機嫌にならないでください。ヒキガエルや、ヘビ（ただし無毒の）や、小魚たちは無難なうちです。子ども時代の私は、すでにヘビを家に持ち帰っていたうえに、ハエやゴキブリを餌にして有毒のクロゴケグモを飼いはじめ、両親の忍耐の限界を試すようなこともしてしまいました。人工的な巣［アリの農場］に収容されたアリの群れはあらゆる点でインパクトがあります。新しい場所に連れて来られた働きアリたちは昼も夜も働きづめで、小さな土の領土を家として、新たに見つけた食物の場所まで目に見えない匂いの路をつけていくのです。人工巣の中のアリたちは水槽の中の魚と同じくらいリラックスしているので、学校での科学プロジェクトにはもってこいの対象となるでしょう。

短時間で子どもたちに最大のインパクトを与えたいなら、海岸に連れていき、自力で生きものを見つけて集めるよう促してみることです。居住区や利用度の高い海岸では、特に小さな動物以外はデジタル・カメラで対応するか、あるいは後で海に帰してあげられるように、生きものはすべて生きたまま集めるのがよいでしょう。砂浜なら、打ち上げられた海草類の塊の中にたくさんの小さな昆虫、甲殻類、そして二枚貝の仲間などが潜んでいます。神秘的な動物の遺骸やその断片などが深海から打ち上げられているかもしれません。岩礁地帯の潮溜まりには、限りがないと思われるほどに多様な小さな甲殻類、巻貝、イソギンチャク、ウニ、ヒトデ、そして浅海《せんかい》に棲むあまり見慣れない動物たちが発見できます。ひとしきり採集したら、図鑑を開き、発見した生きものたちの名前調べを助けてあげましょう。もし複合式の小型の顕微鏡があれば、海草や岩の表面から水滴を採るよう促しましょう。そうすることによって、さらに別の、もっと豊かな生物多様性の世界を提示していくことができるでしょう。

野鳥観察家たちに混ざる子どもたちは、普通とは違う探険を経験することになるでしょう。私は小さな生きものに没頭する近視的な昆虫学者なのですが、大人になった現在、ワシや、ツル、トキの姿を見るとどきどきします。最近私はミシシッピ水系パスカグーラ川に浮かぶモーターボートの上で、数十羽のツバメトビが頭上を舞い、川の表面から飛んだまま水を飲む光景に出会い、釘付けになってしまった経験があります。

野鳥観察家は誰もがナチュラリストであり冒険家です。子どもたちが人生のお手本を探すなら、野鳥観察家たちを候補とするのがよいかもしれません。野鳥観察家の中にも極端な一匹狼的な人物はいるのですが、同時に、医師や、聖職者や、職人や、ビジネスマン、軍人、技術者など、ありとあらゆる職業・専門に属する人々がいるのです。彼らはみんな同じ関心で結びついています。少なくとも野鳥観察のフィールドにいるときの彼らは、人生において私が知る限り最も気のあった情熱的な人々です。

動物園に行くのもいいですね。ただし、目的を持って。展示されている動物たちの間を受動的に歩き回るのは止めましょう。そうではなくて、特定の動物を選び、しっかり調べるのがよいと思います。爬虫類は人気があります。大型哺乳類も定番です。しかし展示されている動物の中の最小グループもお勧めです。ワシントンＤＣの国立動物園の中で、訪問者に近年最も人気のある場所は、昆虫展示場です。一九八七年にスタートしたその展示場の中で最も人気があるのは、長い樋《ひ》に土を入れ、そこに近隣の森から落葉落枝を持ち込んだ《土の遊び場》と呼ばれる場所です。訪問者はほとんど少年少女たち。この小さな大地を探索し、子どもたちはそこに棲む無数の昆虫や、その他の小さな無脊椎動物たちの世界に触れるのです。彼らはそこで、調査地の昆虫学者たちが生物を見つけて同定するのと同じように、土や落葉落枝をかき回して動物たちを捕まえてよいことになっているのです。

水族館に行けば同様なインパクトがあります。子どもたちを含め、人々は恐竜と同じようにサメが好きです。サメは生きている状態で見ることができます。訪問者たちはしかし、水槽内に再構成された珊瑚礁の美しさや、その内外に展開する生きものの際立った多様さ、それも一目でそう理解されてしまう多様さにも惹き付けられます。植物園を訪ねてみましょう。人工の熱帯雨林に足を踏み入れれば、その壮大さに見とれてしまうことでしょう。時折開催されるラン類の展示会などがあれば、美術館で絵画を鑑賞するのと同じように鑑賞してみることをお勧めします。ラン類は地球上で最も多様な被子植物のグループであり、また議論の余地なく審美的に見て最もすばらしい植物です。

自由な探険は、学習の喜びにつながります。自ら主導権を発揮して手に入れた知識は、さらなる知識への望みを生み出します。子どもたちの眼前に開かれている、新しくて美しい世界をマスターしていくことは、子どもたちの自信につながります。ナチュラリストの成長は音楽家やスポーツ選手の成長に似ていると言えるかも知れません。才能ある者たちにはすばらしい仕事があり、他の者には人生を通しての楽しみがあり、そしてそれらが人類に貢献する、ということですね。

第十六章 市民科学

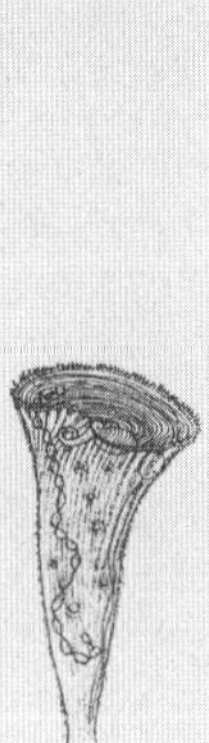

同行をお願いしてスタートしたこの旅も、そろそろ終着点に近づきました。言うまでもないことですが、ナチュラリストになるということは、個人的満足や生きものの保全といった課題を超えた内容を持っています。たとえば、科学的なナチュラルヒストリー〔自然史または自然誌〕は、それに打ち込む人なら誰であれ、科学にオリジナルな貢献をすることのできる数少ない分野の一つです。収集された資料はそのまま永続的な記録となり、生態学、生物地理学、保全生物学、さらにその他の専門分野の研究者に参照されることとなるでしょう。

市民科学者からの情報は、現在、かつてないほどの需要があり、永続的な価値を持つものです。市民科学者の収集するデータは、冗長なもの、あるいは既存の知識を確証するもののように扱われてはなりません。生物の種類はあまりに多く、それらを研究する専門的な生物学者の数はあまりに少なく、情報が飽和するなどということはありえません。すでに指摘したように、今日までに記載された種は一五〇万から一八〇万種の規模であり、さらに一〇〇〇万種ほどが未発見と思われます。既知の種についてさえ、ある程度研究の行われている種は一％にも満たないでしょう。多くの既知種について、これから地理的な分布を地図に落とさなければなりません。生息場所の記録も必要です。個体群の規模も推定される必要があります。そして生活史も追跡されなければなりません。この仕事に従事できる専門的な科学者やセミプロの科学者がいったい何人いることでしょう。生物の同定と分類に携わる専門家は、世界全体で六〇〇〇人ほど。その約半数がアメリカ合衆国に住んでいます。地球の動植物相研究を推進するには、これら過労状況の専門家たちに、さらなる目、さらなる足、さらなる新鮮なアイデアが必要なのです。

専門家と非専門的研究者とのまさにそのような協働が、いま世界中に拡がりはじめています。協働の先端となっている仕事は、選ばれた地域において全生物種を完全に網羅することです。その種の全生物種目録作りは、デンマークや日本の池や湖、コスタリカやアマゾンの熱帯雨林、ガラパゴス島、そして二百年以上にもわたる献身的なナチュラリスト集団の貢献を通して、事実上英国全土において進められており、数を増しはじめています。

その種の試みの米国における最も精力的な事例が、ノースカロライナとテネシー州にまたがるアパラチアン山脈に沿った自然保護区、グレートスモーキーマウンテン国立公園で進められています。この、全種類リストアップ計画は、ATBI［All Taxa Biodiversity Inventcry　全分類群生物多様性目録］と呼ばれており、異なる生物群ごとに北米全土から専門家を募っています（＊27）。わずかな予算ではありながら、ボランティアに支えられたこの計画は、小学生から博士号取得者、さらには博士号取得後の若手研究者に至るまで、あらゆるレベルの学生たちを対象とした教育のセンターとなり、同時に立派な生物学研究の試みとなってきました。

　サウスアパラチアの山々は、北米で最も古く、またかつて大陸氷河に一度も覆われたことのない山脈を構成しています。したがって当地の生物多様性は、北米で最も豊かなものです。高地の渓流にはカゲロウ、カワカゲロウ、繊細でいまにも消え入りそうな、そして恐竜の時代よりもはるかに古い系譜を持つ昆虫たちが暮らしています。この地域の山々や丘陵には、褐色、黄色、金と緑、黒と赤と、さまざまな色彩、さまざまな模様のサンショウウオの仲間が、世界で最も高密度に生息しています。谷ごとに異なるミノーが見つかるなどというのも世界の他の地域にはない特性です。多様な緩歩《かんぽ》類、これはクマムシという名前でも知られる動きの鈍い花粉食の微小動物ですね。人間のサイズに換算すると一キロメートルもの高さのジャンプをするトビムシ類。クモと亀を交配させたような外観のササラダニ類、そして土の中には、ナガコムシ類、ハサミコムシ類、センチュウ類、その他、専門家でなければ識別できないような小さな無脊椎動物がたくさん暮らしています。これらも当地の生物多様性の一部に過ぎません。同様に多数の菌類、そしてそれらをはるかに凌駕する細菌類も暮らしているのです。

グレートスモーキーマウンテンの生物目録の現状は圧倒的なものです。作業の始まった一九九八年から二〇〇四年夏までの間に、生物の全分類群にわたる三三一四種が、それまでに同公園で記録されていた種、すなわちアパラチアの山岳生態系の生物記録に付け加えられました。それらのうちの五一六種は、これまでどこでも確認されたことのない、科学界に新たに知られたまったくの新種だったのです。それらの中には顕微鏡で確認できるサイズのあまり目立たない生物たちもいました。しかしそれだけではありませんでした。ザリガニ類、カイアシ目に属する甲殻類二八種、甲虫類二五種、蝶と蛾の仲間が七二種も含まれていたのです。これらの生物は、はるか彼方のアマゾンの調査キャンプで発見されたのではありません。数千万人規模のアメリカ人が車で簡単に訪ねることのできる地域で発見されていることを銘記してほしいと思います。

そんな発見作業における協働研究のスピリットが、鱗翅目《りんしもく》［蝶と蛾］チームのリーダーであるデイヴィッド・ワグナーの以下のような文によく表現されています。

二〇〇四年七月一九日午前三時。私たちはシュガーランドトレーニンググルームから繰り出して、公園の遠方各地に展開した。標高、植物群落の特性、樹林タイプなどを配慮して選定された公園内の四〇箇所を超える採集地点に、水銀灯に照らされて張られたシートとトラップ、ブラックライトなど、風変わりな採集装置がセットされ、夜の軍団、蛾の仲間が捕獲された。夜の宝物は午前八時にはシュガーランドに持ち帰られて、二日間にわたりノンストップで仕分、同定、計数され、データベースに打ち込まれ、証拠標本として保存された。作業は、絶えざるコーヒーとドーナツとともに、全力投入で集中して進められ、ほこりと鱗粉のおさまった水曜日午後には、睡眠不足の四〇名の仲間たちは七九五種の蛾と蝶の仲間を記録し、標本作製を終えていた（＊28）。

このうち六四二種については、後日、塩基配列を決定するためにDNAサンプルが採取されました。配列は、証拠標本のミトコンドリアDNAから七〇〇塩基ほどの特定部分を切り出して決定され、そのデータは《生命バーコード（Barcodes of Life）》のウェブサイト〔訳注1〕に登録されます。このシステムを利用する科学者たちは、将来の探索で採集される種のかなりの部分を、成体あるいは幼虫の部分的な組織断片からでも同定できることになるでしょう。変態後の成体とは似て非なる外形を持つ幼虫たちについても、ワグナーのチームはDNAサンプルを採取しました。それぞれの種の食草を記録し、生活史全体を解明するのに必要だからです。

生命バーコードの利用を目指す方式は、市民支援を受ける研究調査の領域において、生物学の異なる分野がいかに速やかに統合されていくかを示す見本とも言えます。生物多様性の研究は、一九九〇年代以降の技術進歩のおかげで、世界のどの地域でも同様の効率で加速されてきました。医学における断層写真術に類似したコンピュータープログラムに高解像度のデジタル写真技術が統合された結果、最小サイズの昆虫あるいはその他の生物であれ、完璧に鮮明な三次元画像とすることができるようになりました。画像は電送され、瞬時の情報共有が可能です。博物館も植物園も動植物種の写真を撮り、インターネットに公開しはじめています。なかには一世紀を越えて保存された権威ある標本の画像などもあります。電子描画ボードにリモートコントロール可能なかたちで操作可能な標本画像が現れます。研究者たちは、地球上のどこからでもその博物館標本を画面上で操作し、拡大することができるようになるのでしょう。これらの工夫により、分類の改定はさらに容易になり、野外における生物多様性の研究はさらに加速されていくことでしょう(*29)。

生物多様性に関するデータベースは、簡単にアクセスでき、操作も可能な少数の無料システムに収斂しつつあり、生物学者や学生への利益は劇的に増大しています。そこで質問ですが、次回南米に調査に行くにあたり、アルゼンチンの蝶のフィールドガイドなど持参したいとは思いませんか? ボツワナの淡水魚の簡便な図鑑などというのはどうでしょう。スマトラのシダ類。ロッククリークパークの全動植物の図鑑は? 心配は要りません。一〇年か二〇年もすれば、世界のどんな地域に棲んでいるどんなグループの生物についてであれ、もちろんすでに調査が進んでいる程度に応じてではありますが、必要に応じて希望に沿ったフィールドガイドを自前で編集することができるようになることでしょう。西インド諸島のアリ類の調査にあたって、すでに私はそのような方式を日常的に応用してきました。世界の動植物の権威ある画像が十分に集まれば、僻地の調査キャンプの現場で、その場所の動植物のフィールドガイドを、必要に応じて編集することもできるようになると思います。

地球の生命多様性を地域ごとに記載していく次の段階は、先にも触れた、《生命の百科事典(Encyclopedia of Life)》〔訳注2〕の編纂《へんさん》です。このプログラムは国立自然史博物館において、すでにスタートしています。既知種、新発見種にかかわらず、種ごとに電子ページが開設され、そこに、その種に関して明らかになったことが記入され、継続的に更新されていくのです。学生や市民科学者たちが重要な貢献を果たせる二番目の領域がここにあります。生活史の詳細から、自然状態での行動の記載、そして生態系の機能の把握に至るまで、科学的なナチュラルヒストリーは生物学の未来にとって大変に重要な分野なのです。しかしこの分野は労働集約的で進展もゆっくりしています。さらにあまり一般的でない種についての知識は、しばしば偶然の遭遇にかかっているのです。職業的な専門家といえども、限られた期間において、特定の生物に関してそのような発見に遭遇できる機会はごく限られているのです。アマチュアのナチュラリストたちの協力は、そのプロセスを大いに促進します。たとえばある種類の蝶について、ある観察者は、その分布域の北限にあたるスウェーデンで幼虫が特定の植物を食べているのを確認し、他方、別の観察者は、分布の南限の地、たとえばイタリアで、同じ種がまったく異なる植物を食べているのを発見したりするでしょう。あるいは、ある種のカエルがカンザス州では増加しているのに、コロラド州では減少し、絶滅に向かっていると判明したりします。さらに、フィジーにおいて希少種となっている蝶が、サモアでは農業害虫とみなされるほどに増殖しているのがわかるかもしれません。気候変動のインパクトや環境問題の他の傾向を追跡するには、上記のような詳細なデータがぜひとも必要とされているのです。

市民科学者たちは、しばしば《生きもの電撃作戦（bioblitz）》というイベントをきっかけにして、生物多様性の調査研究に参加するようになります。それは二四時間以内に、特定の場所で、どれだけ多数の生物種を発見し種名を決めることができるかを競う宝探しゲームです。生物学の専門家も、職業的な科学者も、アマチュアも、指定された時刻に、指定された調査場所に集い、激励のメッセージを受け、地元参加者から昼食やディナーへのお誘いなどを受けたあと、四方に展開し、それぞれが選択したカテゴリーに属する動植物種を可能な限りたくさん発見して、種名を決めていくのです。専門家をリーダーに、学生、支援者、好奇心いっぱいの同伴者たちからなる小集団に分かれ、参加者たちは、野鳥、トンボ、地衣類《ちいるい》［菌類と藻類からなる共生生物］、樹木、コケと、有能なガイドのいる分野の生きものならなんであれリストに挙げていきます。

普通種なら標本も採集します。希少種は写真を撮ります。予定の時間が来たら全員が集まり、結果を集約し一覧表にします。食事や賑やかな茶菓で元気を取り戻した探検家たちは、メモした情報や武勇伝を交換しあいます。「私の見つけた地表徘徊性の甲虫は新種じゃないかと思うのですが……。でなければ、既知種だとして、従来知られていた分布域が一気に拡がるか……」。「ちょっと待って。私も同じ虫を捕まえたはず。……これ、最近入り込んできた外来種だと思いますよ」。重要な採集物は、ただちに博物館や植物園にまわされ、専門家たちに提供されるのです。

私の知る限り、最初の《生きもの電撃作戦》は、一九九八年六月四日、マサチューセッツ州のウォールデン湖周辺、そして近隣のコンコード、リンカーンのいくつかの地域も含める場所で開催されました。ウォールデン湖周辺が選ばれたのは、ヘンリー・デイヴィッド・ソローが、アメリカの環境主義の哲学の礎を築いた二年間の独居暮らしの場となった小屋が当地にあったことにちなんだものです。一八四五年の同じ六月四日は、彼が小屋に移った日でした。私たちの開催したそのイベントは、「生物多様性の日」と呼ばれました（＊30）。ニューイングランド州全域から一〇〇人を超す専門家を招請したそのイベントは、地元の市民でもあり、また国際的な野生生物ツアーガイドでもあるピーター・オールデンが企画し、組織したものでした。私はそのスポンサーとして、またアリの専門家として参加したのです。私たちの目標は動植物すべてにわたって一〇〇〇種を達成することでした。実績は、一九〇四種、翌日コンコードセンターとその周辺を徘徊したヘラジカを数に入れれば、実は一九〇五種かもしれません。生物多様性の日はとても人気が出てしまったので、翌年、マサチューセッツ州環境省は、複数の地域で、選ばれた学校区の生徒たちを参加させる形式で、拡大開催したのでした。さらにその翌年には、マサチューセッツ州のすべての学校区がそのプログラムに関与することになりました。

この文章を書いている二〇〇六年の時点で、《生きもの電撃作戦》は、合衆国の他の六つの州（コネチカット、イリノイ、ニューヨーク、ペンシルバニア、ロードアイランド、そしてバージニア）、さらに一七の国（オーストラリア、ベルギー、ボリビア、ブラジル、中国、コロンビア、フランス、ドイツ、ハンガリー、イタリア、ルクセンブルグ、オランダ、ノルウェー、パナマ、ポーランド、スイス、チュニジア）で実施されています。象徴的な規模となったイベントの一つは、二〇〇四年六月二七日、ニューヨークのセントラルパークで開催されたものでした。《探険家クラブ》のメンバーとして、専門家、学生、そして多様多彩なニューヨーカーたちと参加したリチャード・C・ワイズとジェフ・ストルツァーらは、

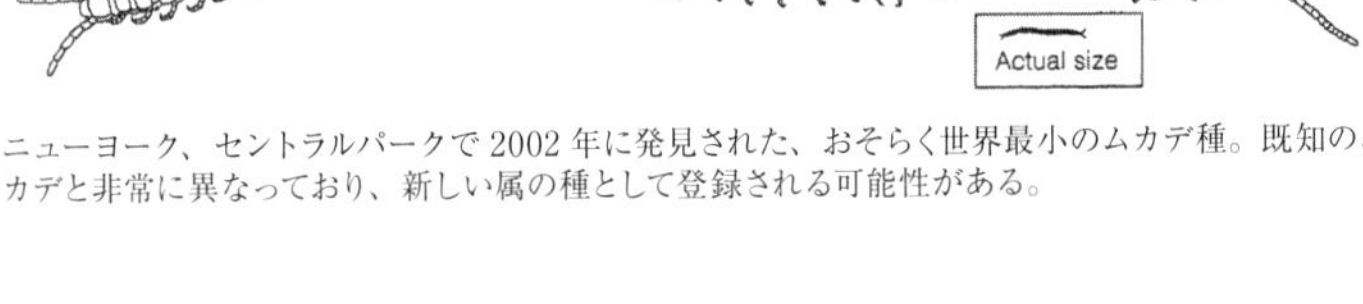

ニューヨーク、セントラルパークで2002年に発見された、おそらく世界最小のムカデ種。既知のムカデと非常に異なっており、新しい属の種として登録される可能性がある。

「（私たちは）森を這い回り、池に飛び込み、木に登り、蝶を追いかけ、新たな生物を探す活動を通して、美しい公園の自然の驚異に浸りきっていました」と述べています（＊31）。それは本当に美しい公園です。公園に影を落とすマンハッタンの石の山脈や、その周辺、さらにその中を貫いて流れる人の川、これらと緑の領域とのコントラストを通して見直せば、公園の美しさはさらに映えてくるのです。そこには本来の野生の自然地さえありました。公園の中心部の近くに、撹乱を受けていない堅木《かたぎ》の小さな領域があるのです。二〇〇四年は《生きもの電撃作戦》に新しい趣向も加わりました。セントラルパークに二つあるうちの小さなほうの湖に、深海の女王として名高いシルビア・アール［海洋海底探検家］がリーダーとなり、ダイビングが敢行されたのです。セントラルパークは八四三エーカーに過ぎませんが、その日の探索で発見された生物種は、動植物合わせて八三六種に達しました。

次は微生物の世界が明らかにされていく番です。協働チームの仕事は、細菌類のほとんど未知の世界に及びはじめています。数トンの規模の肥沃な土の中に暮らす数百万種の細菌類は、どんな条件であれ、また場所であれ、ほとんどすべて科学には知られていない種類です。グレートスモーキーマウンテン国立公園では、二〇〇四年半ばを過ぎた段階で記録されていた細菌類は、九二種に過ぎませんでした。その程度の種類数なら消しゴムくらいの量の土壌で発見できてしまうはず。グレートスモーキーマウンテン国立公園全体の細菌類は、数千万種に達するのではないかと思います。細胞のクローン培養やＤＮＡの配列決定などの技術進歩があるので、細菌類の分離と同定は飛躍的に進歩しています。すでに高速化されているその手法は、今後さらに早くまた廉価に応用できるようになるでしょう。微生物学者たちは、細菌類の遺伝情報に関するソフトウエアと一緒にＤＮＡの配列決定装置を野外に持参し、採集した細菌類を現場でただちに種類判定できてしまう時代がやってくると考えています。

生物多様性に関する諸技術は、そもそも手ごろで持ち運びしやすい性質を持っているので、先端的な生物学研究の領域を発展途上国に移転する回路として最適という面があります。最近結成されたカリブ海地域生物多様性共同事業体（Consortium for Biodiversity of the Caribbean）は、そのような展開がいかに速やかに進むか、その見本と言っていいものです。その共同事業体には、スミソニアン研究所、ニューヨーク植物園などの米国の組織とともに、ドミニカ共和国の自然史博物館、国立植物園などが参加しています。ドミニカの国立植物園は、首都サントドミンゴ市内の密集市街地の中に二平方キロメートルの規模を確保し、都市域の保全地区としては世界でも最も大規模なものの一つです。その中に、四分の一平方キロメートルを超える規模の、低地性熱帯林の原生植生領域があるのは、特筆されるべきことです。その共同事業体の支援のもとで、科学者たちはネットワークを組み、ドミニカ共和国、さらには西インド諸島のさらに広い地域についても、動植物の全分野にわたる調査を始めており、情報はインターネットで利用

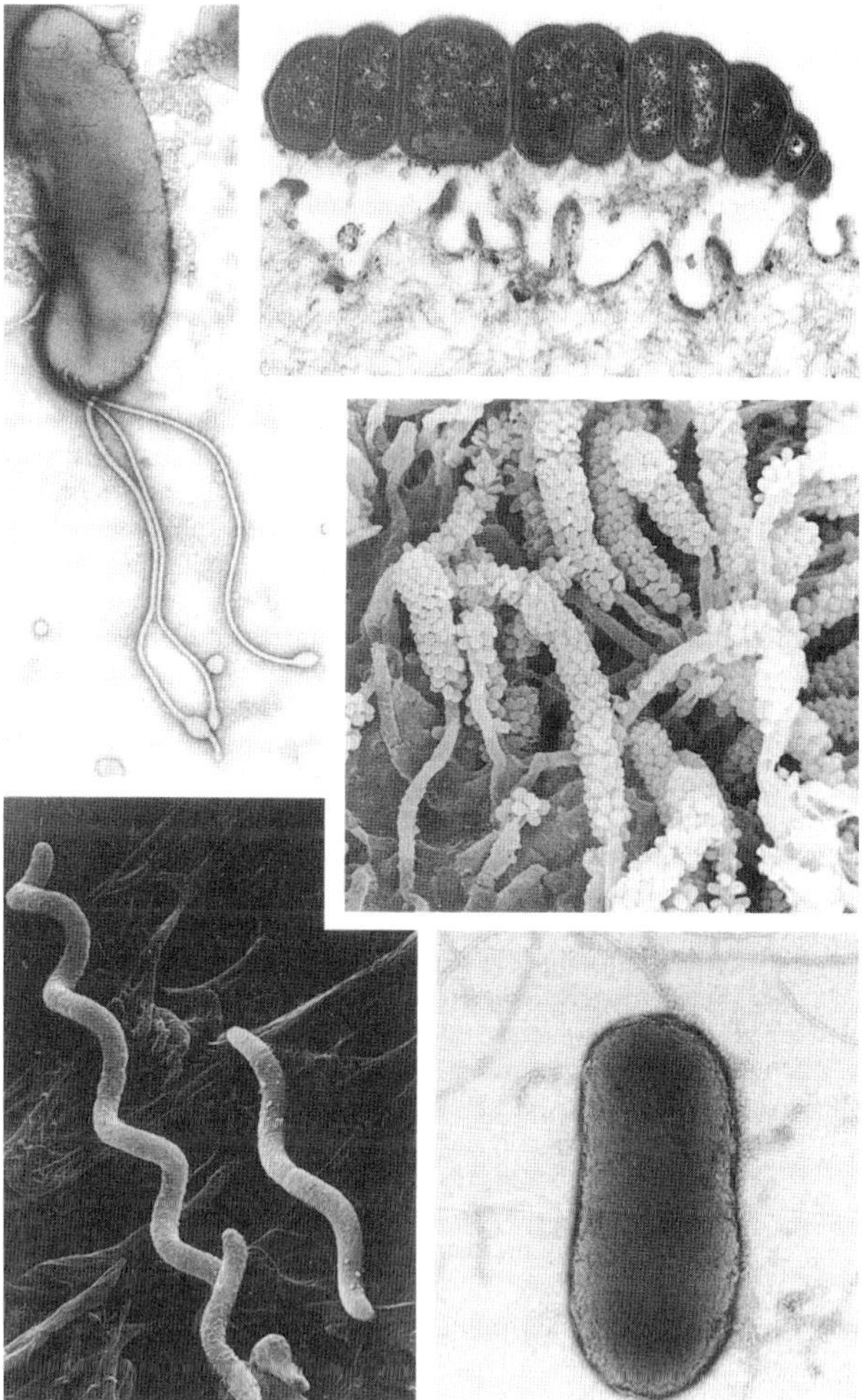

様々なバクテリア：左下のらせん状のバクテリアは、水生で独立生活を営む。その他は、人間の消化管の様々な部分に寄生するバクテリアである。右下の写真は、汚水中によく見られる大腸菌。分子生物学研究の鍵を握る種である。

可能な形にされています。この事業にはうれしい副次効果があります。産業化された先進国と同様、情報技術とそこで採用されている生物多様性に関する科学は、そのまま直に、小学校から大学まで、地域の教育カリキュラムに導入できるのです。

七〇歳を少し超えて、私はこの共同事業に巻き込まれていくことになりました。学術的なフィールドワーク一筋の暮らしは終わったとも感じたものです。その事業で私が率いることになったチームは、東海岸の乾燥低木林地帯から、残存する山岳の雨林帯、さらに高く、中央山脈の標高二四四〇メートル地点のマツとバンチグラスの構成するサバンナに展開して仕事を進めました。そのとき私は、五〇年前キューバで、そして南太平洋地域で体験したのと同じ高揚を体験していました。最も深いレベルにおいて、生物多様性研究に対する私の情熱はまったく変わっていなかったのです。変わったのは、全体目標が到達可能な領域に入ってきたということでしょうか。

熱帯の生物多様性の豊かさ、そして初期の研究の進展がのんびりしていたという条件もあり、ドミニカ共和国における生物多様性研究はたちまちにして実際的な成果を上げています。共同事業を企画し事業全体の動きを指導してきたハーバード大学の昆虫学者、ブライアン・ファレルは、最近の文章の中で、新しい展開にかかわる最初の実用的な成果の一つを紹介しています(＊32)。ハーバードとドミニカ共和国の学生たちが収集した標本の中に、当地では従来知られ

ドミニカ共和国の蝶と蛾

ていなかった二種類の、白黒模様の蝶が含まれていたのです。

これらの標本は画期的な発見であることがまもなく明らかになるだろう。ドミニカ共和国では初の発見であるというだけでなく、西半球においては、これが本種［学名 Papilio demoleus ライムバタフライあるいはチェッカードアゲハなどとよばれる］もまさに最初の記録になるからだ。旧世界で知られているライムバタフライは、高速で飛翔し、幼虫時代は東南アジア、インド、ならびに周辺諸国において、ライム、オレンジ、その他柑橘類の若木の葉を食い荒すことで知られている。幼虫たちは苗木の葉をすべて食べ尽くす力があり、毎年数百億ドル規模の被害が生じている。本種は、ドミニカ共和国の柑橘産業に重大な脅威となる可能性がある。

グレートスモーキーマウンテン国立公園ならびに西インド諸島で展開されている全種目録作りは、地球の生物多様性の探索を加速するために世界各地に登場している、数十のその種の計画の一部を構成しています。新しい生物学技術や情報技術を応用することで、その種の計画の空間的な規模は、シカゴの原生自然にかかわる計画のような州レベル、あるいは、ボストン・ハーバー・アイランズを対象とした市のレベルから、大陸、そして全地球のレベルにまで及んでいます。それらの計画の焦点は、両生類、あるいはアリ類など単一のグループに焦点を絞ったものから、生物の全カテゴリーを対象とするものまでさまざまですね。

インターネットを通じて情報が集まってくると、全地球の生物多様性に関する大まかな図は、高解像下の地域的モザイクとして、眼前に表現されるようになります。一件地味な企画とみえる全種目録の作成活動ですが、全体としてみれば、実は「ビッグサイエンス」です。いまそれに関与している職業的科学者や市民科学者の何倍も多くの科学者たちを巻き込むことになる、月まで届くホームランのようなビッグサイエンスなのです。この科学が、医学、農業、資源管理に提供するであろう知識のインパクトは計り知れないものがあります。それは同時に、全世界的な種の保全や地域ごとに適応した地方品種の保全のための基礎を確立する仕事にもなっていきます。学ばれるべきものを学び尽くしていけば、創造された生物多様性の世界の全体像が、やがて明らかになっていくのです。

訳注1▼現在最も大きな組織としては、Consortium for the Barcode of Life（CBOL, URL: http://www.barcoding.si.edu/）が存在する。

訳注2▼Encyclopedia of Life（エンサイクロピーディア・オブ・ライフ、ＥＯＬ）とは、生物に関するオンライン百科事典。記事は専門家が執筆し、査読を経た上でネットを通じて世界中に無料公開されている。二〇〇八年二月二七日にサイトがスタートし、二〇〇八年三月現在の記事数は約三万点。記事の内容は、一般の読者から専門の研究者までを対象に、画像、音声、映像などのマルチメディア情報から文献情報まで幅広く扱う。インターネット上に既に存在する生物に関する情報を一手に集めて、生物についての調べものに対して、信頼性の高いワンストップショッピング（あちこちのサイトを回らないでも、一箇所で全ての情報が揃う）の提供を目指す。記載の対象となる種は、学名をもつ命名済みの種（約一八〇万種）すべて。二〇〇八年のスタートから一〇年以内に一八〇万種全てについての記事を完成させることを目指す。当プロジェクトに必要な資金は全体で一億一〇五〇万ドル程と見積もられている。二〇〇七年五月時点でマッカーサー基金が一〇〇〇万ドル、スローン財団が二五〇万ドルの補助金を提供することをすでに決定している。なお、ＥＯＬによればウィキペディアの存在もこのプロジェクト構想のきっかけとなっており、ウィキメディア財団も会議のメンバーである。（フリー百科事典Wikipedia「Encyclopedia of Life」の項より）

第五部 連携する

科学と宗教は社会の最も強力な力。
連携すればきっと創造された生物多様性の世界を救済できる。

V Reaching Across

Science and Religion are the two most powerful forces of society.
Together they can save the Creation.

第十七章 いのちのための連携を

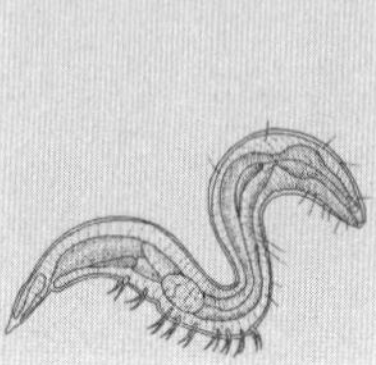

パストール、ここまでお読みいただきありがとうございます。生物多様性という創造された生命の世界（the Creation）を生涯の研究対象としてきた科学者の一人として、本書で私は、さらに広く社会の共通課題とされるべきと私が考えるテーマについて、あなたと、そして読者各位に説明する最善の努力をしてまいりました。私の立論の基礎は、私が理解する限りでの、科学という文化であり、また科学に基づく世俗の世界です。それらを基礎として、私は、私たちすべてに関係のある以下の三つの課題の相互連関に、焦点を合わせてまいりました。それは、「生きた自然環境の劣化」という課題であり、「科学教育の不備」という課題であり、そして「生物学の指数関数的な拡大に基づく倫理的な混乱」という課題です。これらの課題を解決するには、宗教と科学という強力な力を連動させることのできる、共通の基盤を見つけなければならない

というのが、私の主張でした。その最善のスタート点は、《生命世界の管理責任（stewardship of life）》です（＊33）。

宗教も、科学も、この巨大な課題に対応できていないことは言うまでもありません。そのためのパートナーシップの促進に重要な関連があると思われる生物学ならびに教育領域の要素を特定することが私の狙いでした。その過程において、生命の起源に関する自然科学と、主流の宗教領域における見解の相違について、私はいっさい曖昧にはしなかったつもりです。生命世界は神が創造したのであると、あなたは主張します。聖書にはこれが真実であると記されています。二五世紀の長きにわたる神学と、西洋文明の大領域は、この主張の上に築かれてまいりました。しかし、その見解は誤りであると、敬意を持って私は表明します。生命世界は、遺伝情報を担う分子にかかわるランダムな変異の発生と、自然選択によって自己形成されてきたものです。この主張はあまりに過激と思われるかもしれませんが、互いに関連しあう膨大な量の証拠によって支持されています。それでもなお反証される可能性がないと言い切れるわけではありませんが、その可能性は年毎に、さらに小さくなっています。この事実は以下の神学的な質問を提起します。神は、かくも大量に判断を誤らせる証拠を地球に仕込むほどに、人類を惑わす存在であり続けるのか、という疑問です。

別の判断があればと私も望むものではありますが、生命の創造をすべて神に帰するインテリジェント・デザイン［Intelligent Design　創造説］の考え方と、科学の見解に、妥協はありえません。その見解を単純化してしまえば、進化の起こったことは認めるが、その過程は超自然的な知性によって導かれたのだという主張です。しかしインテリジェント・デザインの論拠とされるものは、債務不履行型の主張ともいうべきものだけで構成されています。そのロジックは以下のとおり。人間の目や細菌類の旋回する繊毛のような複雑なシステムが、いかにそれ自体として進化しえたのか生物学者はまだ説明できていない。である以上、その進化は超越的な知性に導かれてきたと言うしかない。残念ながら、ここにはインテリジェント・デザイン論を支持する積極的な証拠はまったくありません。その主張を検証するための証拠が提示されたことは一度もありません。超越的な力が現実の生物世界にどのように転写されるのか、説明する理論は想定されたことも、また提案されたこともありません。だからこそ、オリジナルな研究を続けてきた一人前の科学者たちは、インテリジェント・デザイン論に科学の資格がないという見解で一致しているのです。

科学者たちは共同して陰謀をたくらみ、インテリジェント・デザイン論の研究を止めさせようとしていると主張する方もおられます。そんな陰謀があるはずがありません。インテリジェント・デザインの理論は、科学の理論として必須のクオリティーがまったくないという点で、専門家たちが一致しているだけのことです。

これを誤解するのは、そもそも科学という文化を理解できていない証拠です。科学の共通通貨は、発見と、発見の検証です。それは、科学の文化の代替不可能な銀貨であり、金貨なのです。新しい証拠に基づいて主流の理論に挑戦することは、それが科学活動の純金であることを証明するものなのです。生命の進化を創造し、ガイドする超自然の力があるという主張を指示する実証的で反復可能な証拠が提示されるなら、科学における全時代を通じての最大の発見となることに疑いはありません。それは哲学の転換を誘導し、歴史過程の理解を変えてしまうことでしょう。科学者は誰しも、そんな大発見を夢見るものですね。

そのような出来事を経ることなく、インテリジェント・デザイン論の債務不履行型の主張を信仰への科学的な支持として採用してしまうことは、神学者の皆さんにとって危険な一歩になるでしょう。一貫して複雑度を高めていくシステムを自生的に形成していく進化的なステップがあると前提することによって、生物学者たちは、これまで説明できないとされてきたさまざまな課題を加速度的なペースで説明しています。科学による解明が困難であったシステムが次々に解明され、消滅に向かっていくとしたら、インテリジェント・デザインの主張はどうなっていくのでしょう。その仮説は支持を失い、同時に科学に基づく神学という考え方もまた放逐されていくでしょう。その可能性は極めて高いと言えます。科学においては、また論理においても、債務不履行型の主張が実証的な証拠の代わりになることはありえません。しかしたとえ銀の位であれ実証的な証拠を一つ提示すれば、債務不履行型の主張は崩壊してしまうのです。

パストールも私も、広い意味で言えばヒューマニストです。すなわち、人間の幸福が思考の中心に位置しているということです。しかし、宗教に基づくヒューマニズムと、科学に基づくヒューマニズムの相違は、哲学、そして種としての人間に付与される意味において、明らかになっていきます。それらは、人の倫理を権威あるものとする方式、郷土愛や社会の構造、人の尊厳を正当化する方式の相違として現れてくることでしょう。

では私たちはどうしたらよいのでしょう。相違を忘れればよい。私はそう主張します。共通の基盤において出会えばよいのです。それは、当初思われるほどに難しいことではないかもしれません。共通の基盤において考えれば、私たちの形而上学的な立場の違いは、別の人生を生きる私たちの行動に、驚くほど些細な効果しかもたらさないはずです。パストールも私も、同じ程度に倫理的であり、郷土を愛するものであり、そして利他的なはず。私たちはともに、宗教と、科学に基礎をおく啓蒙主義を根とする共通の文明の産物だからです。私たちは喜んで同じ陪審の結論に従うでしょう。同じ戦いを戦い、同じ情熱をもって人の生命を聖なるものとして尊重するでしょう。そしてもちろん、創造された生物多様性の世界への愛もまた共有しているのです。

この手紙を閉じるにあたって、私が自然からの上昇と言わず、自然への遡及〔上昇〕と語ったことについて、気分を害されないよう期待します。私の説明した意味におけるその表現が、パストールご自身の信仰と相容れるとわかったら、私は本当に深い満足を得ることができるでしょう。私たちの対立する世界観の間に緊張があろうが、人々の心において科学と宗教の影響がいかに盛衰しようが、私たちはいずれも大地から生まれたものとして、にもかかわらず同時に超越的な存在としての義務を、共有する定めにあるからです。

こころよりの感謝と敬愛をもって

エドワード・オズボーン・ウィルソン

著者について

E・O・ウィルソンは、一九二九年にアラバマ州バーミンガムに生まれ、アラバマの南部バプティストとして育てられました。その後のウィルソンは、福音派キリスト教の叙事的で精神的な力の影響を受け続けています。同時に彼は、少年時代に探険した自然環境の美しさと神秘を深く魂に刻みました。自己形成期におけるこれらの影響が、アラバマ大学の学生だったウィルソンを、進化生物学への道に誘《いざな》ったのだと思われます。本書での彼の説明によれば、以後、科学的ヒューマニズムが彼の統合的な世界観になっていくのですが、彼の心がそのルーツから切り離されることはありませんでした。

ウィルソンは、大学院生時代の科学研究と教育活動、その後の四一年にわたるハーバード大学の学部での生活、そして退職後の日々とキャリアを継いできました。彼には二〇冊の著書と、四〇〇を超える、ほぼ専門分野を中心とした論文があります。これらを通して彼は科学ならびに文芸分野における一〇〇を超す賞を受けました。その中には、『人間の本性について』(一九七八年)、ならびにバート・ヘルデブラーとの共著である『アリ』(一九九〇年)に与えられた二度のピューリッツアー賞、さらに、合衆国科学栄誉賞、スウェーデン王立科学アカデミーがノーベル賞の対象とされていない科学分野に与えるクラフォード賞、日本の国際生物学賞、イタリアの総理大臣賞ならびにノニーノ賞、アメリカ哲学会のフランクリンメダルが含まれています。保全生物学への貢献に対しては、ナショナルオーデュボン協会からオーデュボンメダル、WWF（World Wide Fund for Nature）の金メダルが与えられています。彼の個人的、職業的な経歴は、自伝的な作品である『ナチュラリスト』（一九九四年）に、時系列的に紹介されています。ちなみにこの作品でウィルソンは、一九九五年度のロサンゼルス・タイムズ図書賞を受賞しました。

八〇歳となった現在も、野外研究、著述活動、保全活動を旺盛に進めているウィルソンは、現在、妻のイレーヌとともに、マサチューセッツ州、レキシントンに暮らしています。

訳者解説

本書は、E・O・ウィルソン著、『*The Creation: An Appeal to Save Life on Earth*』（W. W. Norton & Company, 2006）の全訳です。現代の自然保護は、一九八〇年代後半以降、"biodiversity"というキーワード、そして生物多様性条約（一九九三～）の発効を経て、経済、政治をもまきこむ文明課題になりました。本書は、この間の自然保護論議を研究・実践、そして啓発領域における国際的なリーダーの一人として牽引した著者ウィルソンが、喜寿を迎えて出版した、渾身の自然保護論といってよいものです。

巻頭のアドバイスでも触れたとおり、本書は南部バプティストの架空の牧師（パストール）宛ての五部構成の私信の形で書かれ、課題共有を促す頼りとしてその記述に宗教的な表現が多用されています。ウィルソンの説得は、翻訳の、あるいは宗教文化の壁を越えて、日本語版の読者に果たしてどのように読み込まれ、評価されたでしょうか。

以下、訳者解説のスペースをいただき、巻頭のアドバイスで宿題とした論点等の解説をさせていただくとともに、一読者、あるいはファンとして、ウィルソンの立論への感想を、本文で言及される順番に述べさせていただきます。

クリスチャンを自然保護派にする

自然保護のための大連合を構想するウィルソンは、アメリカ国内における最大の連携相手としてクリスチャンを想定しました。政治・文化的な影響がきわめて大きいというのが理由です。しかし、「生命多様性世界は、聖書に記されたとおり神の創造によるのであって、生物進化の産物ではない」と感じ考える傾向を共有する米国の宗教的市民を、科学的な自然保護の味方にできる見通しはあるのでしょうか。ポイントは宗教的な市民を三つの陣営に分けることのようです。第一は、生命世界は神の創造と信ずるだけでなく、いまやその終末が迫っており、地球破壊の後に神による人間の天への救済があると考える、いわばハードなクリスチャン、第二は、生命世界は神の創造と信じつつ、その破壊を当然とはしない、いわばソフトなクリスチャン、第三は、まだ少数派ではあるようですが、創造された生命世界のケアは信徒の責務と考える、エコロジカルなクリスチャンです。ハードなクリスチャンに深い疑念を表明しつつ、ソフトな宗教的市民をエコロジカルなビジョンの方向に誘導したいというのがウィルソンのねらいのようです。

“the Creation”の光景

タイトルでもあり、本文各所にも登場する“the Creation”は、一部をのぞいて「創造」とは訳さず、

「創造されたいのちある地球」などと訳しました。根拠は以下のとおりです。

旧約聖書冒頭の創世神話によれば、創造の一日目に神は天地をつくり、光をつくり、昼と夜をつくりました。二日目には大空と海をわけ、三日目には陸地をつくり、そこに青草と穀物と果樹をつくりました。四日目には太陽、月、星々が創造され、五日目には水の生きもの、天の鳥をつくりました。そして六日目には、各種の家畜と這うものと地の獣をつくり、《大地と海と空に生きものたちの賑わう地球》が創造され終わったところで、ついに人を創造し、「ふえかつ増して地にみちよ。また地を従えよ。海の魚と、天の鳥と、地に動く全ての生物を支配せよ」（『創世記』――この「支配」を「管理」、「ケア」と読むのがエコロジカルなキリスト教のセンスかと思われます）と命じます。《大地と海と空に生きものたちの賑わう地球》こそ、人の生きる世界と神話は明示していました。

つまり、"the Creation"が危機にあるとウィルソンが記述するとき、創世記の文化の中にすまう宗教的な読者は、《大地と海と空に生きものたちの賑わう地球》の危機という光景を自動的に想起すると期待されているのでしょう。《大地と海と空に生きものたちの賑わう地球》は、科学の日常語で呼べば生物多様性の世界と言い換えても無理はありません。"the Creation"は「生物多様性世界の聖なる表現」ということです。

ちなみに、『沈黙の春』の著者として日本でも有名なレイチェル・カーソンは、その遺書ともいうべき小冊子『センス・オブ・ワンダー』において、魂の癒しの根源となる自然を、「大地と海と空とそこに賑わういきものたち」と表現します。この光景は、すなわち“the Creation”の光景です。その叙事的な表現に、カーソンにおける抑制的な宗教性が表出されているのだと解釈するなら、ウィルソンの中にはもっと激しく光を発する宗教性が潜んでいるのかもしれません。

「自然への上昇」という希望

訳出にあたってのもう一つの難題は、“ascending to Nature”という不思議な表現でした。生命多様性世界が崩壊しても、信仰篤い信徒は、天に招かれ神の世界で永遠の平和を生きるという“ascending to Heaven（昇天）”の信仰のビジョンに対して、生物多様性とともにある持続可能な社会をこの地上に創造する以外に人類の平和はないというビジョンを対置する表現にちがいないのですが、訳しようがありません。しかしある知人に相談したところ、「昇天というのは、普通の宗教的市民の感覚で言えば、天国に行って神様と幸せに暮らすという意味なのだから、ウィルソンの表現は、生きものたちの賑わう地球で神様と幸せに暮らすという意味」とあっさり解釈してくれました。腑に落ちるとはまさにこのことと感じたのですが、さすがにそこまで意訳するわけにもいかず、「自然の位置への上昇」などと、あえて抵抗感の強い、素朴な訳出にとどめました。

大文字で書きはじめる"Nature"

ウィルソンによれば、本来の自然（Nature）とは、「人類によるインパクトを受けて、なお、部分的に残されている原初の環境と生きものたち」のことです。ヒトがヒトとして進化した時代の本来の自然、神話的に言えば"the Creation"の断片に近いもの、というくらいの把握でしょうか。大きく見ればそれは、ニューギニアの高地に、フロリダのマングローブ林に、クズリの徘徊する北の大森林帯などとして現存しています。と同時に、ミクロの生物の視点に立てば、微生物の充満する森の落葉落枝の安定した生態系に、キッカイアリの暮らしの地下の生態系に、街の縁石の脇の草むらにも現存しており、条件さえ適えば、そこを拠点として広域にわたる自然回復もなお実現可能と理解されています。かつて汚染とごみで悪名高かったボストン・ハーバー・アイランドが、多大な回復努力の結果、いまはボストン・ハーバー・アイランド国立公園として整備され、自然の本来性の回復に向かっていると、本書で紹介されている点に、自然回復にかけるウィルソンの肯定的な信念がよく表現されていると思います。

他方、その深刻な撹乱の歴史事例の一つとして、ウィルソンの研究対象の一部でもあるヒアリ、ツノゼミの移入に係わる農業被害等が、詳細に紹介されているのが印象的です。深刻な被害からの解放を人々が聖職者に祈願した歴史の詳述は、人々が生態系の破滅を放置してその先に宗教的救済を展望するのではなく、撹乱からの生態系の回復を神に祈った切実な信仰の歴史があったと、読者に銘記させる意図もあってのことなのでしょう。

“Nature”と人間

“Nature”は、人間の暮らしや魂の幸せに深い生物学的な関連を持つとウィルソンは考えます。人の進化の舞台となった自然、本来の自然は、人間の肉体的特性だけでなく、魂の構造にも深く反映されており、人工的な世界によって簡単に充足されるものではありません。「都市とその郊外の物質生活を包むさなぎのような世界があれば人間の必要には十分応えられるという信仰」は何にもまして深刻な誤解であると、ウィルソンは断言しています。人間心理には、本来の自然に向かって誘引される本性のようなもの、すなわちバイオフィリアが遺伝的に組み込まれており、本来の自然によってそれが充足されること、もちろん文化や宗教なども介してさまざまに豊かな形式で充足・享受されていくこともまた、人間の幸せの根本的な部分であるというウィルソンの年来の主張も、しっかり念押しされています。

破壊と保全にかかわる科学的な見解

第二部では、生物多様性世界の破壊にかかわる科学的な見解が紹介され、危機と、保全のための基本ビジョンの共有が要請されています。

生息地の破壊、侵略種の効果、汚染、人口過剰、過剰収穫などによって、世界各地で種の絶滅への過程が進行しています。現状はすでに、白亜紀末の大絶滅に匹敵する第六の絶滅過程に入っているとも推定されており、二〇〇二年、ヨハネスブルクの生物多様性条約締約国会議において、「二〇一〇年までに生物多様性の消失率を顕著に低減させるための協調行動をとるとの約束が交わされた」ことが紹介されています。約束の年は今年。この秋、日本国は名古屋市で開催される同条約第一〇回締約国会議（COP10）がまさにその会場です。

しかし、まだその条約にも参加していない米国の市民社会では、自然環境がどんなに破壊されても、やがて人間の天才が解決するという世俗的で人間特例主義的な楽観論や、地球の破壊は、神による最後の救済の不可避のステップと考える宗教的な人間特例主義が蔓延し、自然保護への大きな対抗勢力となっているとウィルソンは警鐘を鳴らします。そんな人間特例主義に、科学的な根拠はありません。「地球の生物多様性を救うには、野生生物個体群の持続的な維持に十分な広さの保護地域において自然環境を保全するより他に、解決策はありません。惑星規模の箱舟役を果たせるのは、本来のいのちある自然（Nature）だけ」という、躊躇のないビジョンの共有がいま必要なのだと、ウィルソンは主張します。

生物学はどんな科学か

第三部では、生物多様性保全を推進するための科学という観点から、生物学の課題や構造、大学における生物学教育のありかた、さらにナチュラリストを育てる子ども時代の自然体験のありかたについて、体験を交えた蘊蓄《うんちく》が語られています。

生物学の構造や性格に関するウィルソンの見解は、徹頭徹尾ナチュラリストのものと言ってよいでしょう。分子生物学や細胞生物学の視点から言えば、生物学は人工生命の創出を目指す学などと把握することも可能です。しかし、ウィルソンはそのような見方を排し、生物学はそもそも生物多様性とその進化に関する科学なのであり、分子生物学や細胞生物学はあくまでその部分と断定しています。地上の生物種すべてについての生命の百科事典をつくりあげ、そこに収録された情報をもとに、すべての生態系の挙動を理解していくことが、生物学の究極の目標と設定されているのです。分子生物学、細胞生物学などの領域からはあまりに極端という声が聞こえてきそうですが、原理論で言えば、当然すぎるほどに、当然なのかもしれません。

いかに学び教えるか

生物多様性世界の保全に貢献する生物学者を育てるために、あるいはナチュラリスト市民を育てるために、いかに学び教えるか。自身のアラバマ大学の学生時代に受けた授業、たとえば「生物一万種の名前に通じないうちは本物の生物学者とは言えない」というモットーを掲げた授業などを懐かしく回想しつつ、ウィルソンは、生物の種を重視し、徹底的にフィールドワークをすすめる学習法を推奨します。そのような教育に耐える魂、いや感動して参加する魂はそもそものようにして形成されるか。「生きた自然への遡及は子ども時代にはじまる」という冒頭文ではじまる第十五章「ナチュラリストの育てかた」のウィルソンは、すべての子どもたちに生得的にそなわっているバイオフィリアを励まし、暮らしの足もとに登場する多数の生物への関心を促し、ナチュラリストとしての力を育てていこうと呼び掛けます。「子どもたちは狩猟採集民」なのであり、自力で自然探索する機会を作ってあげることが最も大切であるという意見は正解でしょう。生物多様性世界への関心と愛を啓かれ、励まされた子どもたちは、やがて大人になり、職業はさまざまでも生涯ずっとナチュラリストのまま、しかも感謝してナチュラリストのまま生きていくのだという指摘は、至言というべきです。

市民科学

生物多様性研究は多くの推進者を必要とします。専門科学者とナチュラリスト市民が協働すれば、新種の発見や、新しい分布の確認など、市民の上げた成果は、そのまま科学研究の成果として共有されていきます。この分野の新しい展開として、ウィルソンは一九九〇年代末から各地で実施されはじめた、《生きもの電撃作戦（Bioblitz）》に言及しています。特定の場所に専門家・市民ナチュラリストが集まり、二四時間の間にどれだけ多数の生物種を発見できるか競い合う宝探しゲームと定義されています。市民参加の試みは発展途上国でも進んでいます。七〇歳を超えてそのような領域の調整者として活動しはじめたことを、感動をもって報告するウィルソンは、学ばれるべきものを学び尽くしていけば、創造された生物多様性の世界の全体像はやがて明らかになっていくと結んでいます。

連携する

生きた自然環境の劣化の危機、これに対処すべき科学教育の不備について、パストールに語り終えたウィルソンは、科学と宗教の大連携のための基本条件を提示して手紙をとじています。相違を忘れ、共通の基盤で出会い、仕事にあたること。共通の基盤は生命世界の管理責任（stewardship of life）を担う意思です。ウィルソンは進化生物学者として、神が世界を創造したとするインテリジェント・デザインの主張を認めるものではないとしつつ、自然を守る仕事においては、生命世界の管理責任をともに担うという一点で連携すべしと結論しています。正確にいえばもう一つ。世俗の科学者やナチュラリストをいのちある地球保全の仕事にかりたてる愛は、生命世界の管理責任を宗教上の義務として受け入れる宗教者における自然への愛と、人間本性の根底において、同じものであるという信念もまた吐露されているのです。

ウィルソンの最新刊『Anthill』について

本書が米国で出版されて四年。アメリカのクリスチャンたちはウィルソンの提案にどう答えたのでしょう。宗教的な市民たちの対応を、ウィルソンはどのように見てきたのでしょうか。その後のウィルソンの心の動きを推察できる資料が、一つ手元にあります。今年四月、W. W. Norton社から出版された、八〇歳を迎えたウィルソン初の少年小説、『Anthill（アリ塚）』です。自身をモデルにした主人公のラフ少年は、アメリカ南部の複雑な家庭環境を抱えつつ、地元ノコビー湿地帯の自然に没頭し、癒され、大開発の迫る湿地を守りたいと願うナチュラリストとして成長します。貧しい家系にもかかわらず、親戚の応援もあってフロリダ州立大学に進み、ノコビーのアリの生態に関する見事な研究を仕上げますが、保全の志を貫くためにハーバードのロースクールに入学。環境活動の洗礼をうけ、卒業後は地元の不動産関連企業の相談役として勤務しつつ、自然保護と開発の調和する土地利用計画をまとめて周囲を説得し、ノコビーの保全に成功するというストーリーです。そのクライマックスは、大開発を計画する幹部と連携するキリスト教原理主義の牧師とその従者に、ラフは命を狙われ湿原を逃げ回るという設定。しかし土壇場で、子ども時代にラフが遭遇した原生自然を象徴するような野人が登場し、牧師と従者を倒し、ラフもノコビーの自然も救われます。ソフトなクリスチャンたちはラフを理解して自然を守る側につき、ハードなクリスチャンたちは大開発の勢力と組んで最期を迎えます。パストールへの説得は叶わず、しかし地域の自然は守られていくということの小説の展開は、ウィルソンの心に大きな転機があったことを示唆しているように思われます。

COP10・里山・流域

生物多様性条約のことです。今年二〇一〇年秋、名古屋市において、第一〇回の締約国会議（COP10）が開催され、「二〇一〇年までに生物多様性の消失率を顕著に低減させるための協調行動をとる」との約束が検証されます。これにあわせて、ホスト国である日本は、二次的な自然域における持続的な管理の工夫をもって、生物多様性の保全回復と暮らしの支援を統合しようとするSATOYAMA（里山）イニシアティブを提案し、会議の正式承認を得て、条約の関連活動に盛り込みたいと考えています。その《里山》というテーマ化が、私は、とても気になっているのです。里山というビジョンで喚起される守るべき生物多様性世界は、ウィルソンの使用する“the Creation”あるいはカーソンの使用する《大地と海と空に生きものの賑わう地球》というような言葉・ビジョンが喚起する、守るべき生物多様性世界のイメージと、どう関連するのかが気になっているのです。

私見をいえば、"the Creation"や、《大地と海と空に生きものの賑わう地球》は、基本的には原生的な大規模な自然、あるいは山野河海《さんやかかい》の自然ランドスケープをイメージさせるのに対し、里山は一次産業とともにある二次的な自然、あるいは都市の中で要素論的に孤立した小さな自然をイメージさせるように感じます。これらを総合し、都市域でも、原生的な自然域でも、大規模でも小規模でも適用の可能な、自在な枠組として、私は従来から《流域》という自然ランドスケープの有効性を提案してまいりました。生きものの賑わいに満ちる創造世界、生きものの賑わいに満ちる里山ではなく、生きものの賑わいに満ちる大小入れ子の流域ランドスケープとして、保全回復されるべき大地を、まずは足もとから日常的にテーマ化するという戦略です。すでにスタートしている名古屋での動きの中に流域論議が賑やかに参入しているように見えるのは、まことにうれしい展開です。保全され活用されるべき生物多様性世界をどのような象徴的枠組で共有していくべきか、まだたくさんの工夫も必要なのだということを、本書は"the Creation"の喚起するビジョンの解釈問題などを通して、しっかり教えてくれています。

参考図書など

最後に、本書の論議と関連しそうな図書類などをいくつか挙げておきたいと思います。

ウィルソンの著書は膨大で、私もとてもカバーしきれません。主題と特に強い関連のある日本語の書籍として、まずは以下を挙げておきます。
『人間の本性について』（岸由二訳、ちくま学芸文庫）
『バイオフィリア』（狩野秀之訳、ちくま学芸文庫）
『生命の多様性（上・下）』（大貫昌子・牧野俊一訳、岩波現代文庫）
『ナチュラリスト（上・下）』（荒木正純訳、法政大学出版局）

進化論を否定する創造論、インテリジェント・デザインなどへの批判は、多数の出版がありますが、実証データをしっかり掲載した当面の決定版は、今年出版された以下の本一冊で十分でしょう。

『進化のなぜを解明する』（ジェリー・A・コイン著、塩原通緒訳、日経BP社）

子どもたちをナチュラリストに育てる方法の検討を進める基礎領域の仕事としては、ウィルソンも大きく評価しはじめているソベルの、野の花のように優しい小さな主著の翻訳があります。

『足もとの自然から始めよう――子どもを自然嫌いにしたくない親と教師のために』（デビッド・ソベル著、岸由二訳、日経BP社）

私の著した関連書には以下の二冊があります。
『自然へのまなざし――ナチュラリストたちの大地』（岸由二著、紀伊國屋書店）
『環境を知るとはどういうことか――流域思考のすすめ』（養老孟司、岸由二著、ＰＨＰサイエンス・ワールド新書）

翻訳について

最後に、翻訳作業についてひとこと。ウィルソンの人間論、自然保護論は、一九七〇年代の『社会生物学』出版当時から追跡してきましたが、宗教的な話題の多い本書は難物で、多くの方々のご支援を得てようやくの校了となりました。ナチュラリスト仲間で比較文学専攻のジポーリン・菜穂子さんには、原稿を通読していただいたうえ、宗教関連の難題やアメリカ事情、生きもの情報などについて多々ご教示をいただきました。お名前は挙げきれないのですが、編集部を通しあるいは直に、多くのみなさまから懇切なアドバイスをいただきました。編集担当の和泉さんには、訳語の選定、原稿の詳細から、補注等の訳出支援にいたるまで丸ごとお世話になりきりでした。ご支援くださったすべてのみなさまに、心より感謝もうしあげます。とはいえ、アドバイスをすべて的確にお受けできているとは限らず、思い違いもなお少なくないと危惧しています。訳にかかわる不十分は、あげて訳者の責任です。

生物多様性危機の時代における、守られるべき自然領域のテーマ化について、あるいは保全活動の主体形成にかかわる大局的な視野からの、深いレベルでの検討を誘発する力のある本書を、名古屋で生物多様性条約締約国会議（COP10）が開催される年の春に出版できることを、うれしく思っています。みなさま本当にありがとうございました。

訳者　岸由二

（第 16 章／212 ページ）
From Kefyn M. Catley, American Museum of Natural History

（第 16 章／215 ページ）
From Paul Singleton, *Bacteria in Biology, Biotechnology and Medicine,* 6th ed. (Hoboken, N.J.: John Wiley, 2004), p.12

（第 16 章／217 ページ）
From Biocaribe.org, by permission of Brian D. Farrell

（第 5 章／72 ページ）

Drawn by E. O. Wilson, from E. O. Wilson, "Chemical Communication among Workers of the Fire Ant *Solenopsis saevissima* (Fr. Smith), 1: The Organization of Mass-Foraging, " *Animal Behaviour* 10, no.1-2 (1962): 134-47

（第 5 章／76 ページ）

提供：日本産アリ類画像データベース

（第 5 章／79 ページ）

Drawing by Katherine Brown-Wing, in E. O. Wilson, *Success and Dominance in Ecosystems* (Oldendorf/ Luhe, Germany: Ecology Institute, 1990), p.5

（第 6 章／85 ページ）

Plate from *A Field Guide to Mammals of Britain and Europe* by F. H. van den Brink, translated by Hans Kruuk and H. N. Southern, Illustrated by Paul Parruel (Boston: Houghton Mifflin, 1968)

（第 6 章／89 ページ）

From Neal Weber, "The Genus *Thaumatomyrmex* Mayr with Description of a Venezuelan Species (Hym.: Formicidae)," *Boletin de Entomologia Venezolana* 1, no.3 (1942):65-71

（第 7 章／97 ページ）

From Balaji Mundkur, *The Cult of the Serpent* (Albany: State University of New York Press, 1983), p.129

（第 7 章／101 ページ）

Courtesy of CSIRO, Department of Entomology. From E. F. Riek, "Hymenoptera," in *The Insects of Australia* (Melbourne: University of Melbourne Press, 1970), p.916

（第 8 章／108 ページ）

From Susan M. Wells et al., eds., *The IUCN Invertebrate Red Data Book* (Gland, Switzerland: IUCN, 1984), p.427

（第 8 章／110 ページ）

From Tim Flannery and Peter Schouten, *A Gap in Nature: Discovering the World's Extinct Animals* (New York: Atlantic Monthly Press, 2001), p.169 （Copyright ©2001 by Peter Schouten. Used by permission of Grove/Atlantic, Inc.）

（第 9 章／122 ページ）

Photograph by Don Mertan. From David Butler and Don Merton, *The Black Robin* (New York: Oxford University Press, 1992), p.149

（第 9 章／124 ページ）

From James C. Greenway Jr., *Extinct and Vanishing Birds* (New York: American Committee for International Wildlife Protection, 1958), p.358

＊33（第17章）

生物多様性の保護をさらに進めようという意見も含め、信仰を根拠として環境の世話を進めるべきという意見が、世界の多くの宗教・教派から上がっている：アメリカでは、たとえば National Council of Churches, National Religious Partnership for the Environment, Presbyterians for Restoring Creation, U.S. Conference of Catholic Bishops, Pacific Conference of the Methodist Church などが指導性を発揮している。

そのほかの同様な活動、特に、他の諸国における主要宗教の動向について、以下の本にとりまとめがある。

Jim Motovalli, "Steward of the Earth," *Environmental Magazine* 13, no. 6 (2002): 1-16

ヴァルソロメオスⅠ世は宗教的リーダーのなかで特に著名である。彼は、ギリシャ正教会の信徒3億人のリーダーであり、「緑の総主教」とも呼ばれている。

図版出典・クレジット

（第3章／36ページ）

From John O. Corliss, "Biodiversity and Biocomplexity of the Protists and an Overview of Their Significant Roles in Maintenance of Our Biosphere," *Acta Protozoologica* 41 (2002): 199-219

（第4章／52ページ）

Original from Charles Sprague Sargent, *Silva of North America,* 10: plate 514 (1896), reproduced in Eric Chivian, ed., *Biodiversity: Its Importance to Human Health* [Harvard Medical School, Center for Health and the Global Environment, 2002], p.19

（第4章／54ページ）

From Richard C. Brusca and Gary J. Brusca, *Invertebrates* (Sunderland, Mass.: Sinauer Associates, 1990), p.350

（第5章／61ページ）

作成：ワークスプレス株式会社

（第5章／63ページ）

©Corbis

（第5章／69ページ）

提供：日本産アリ類画像データベース

＊ 26（第 15 章）
秘密基地を作る行動傾向について： 以下に分析がある。
David T. Sobel, *Children's Special Places: Exploring the Role of Forts, Dens, and Bush Houses in Middle Childhood* (Tucson: Zephyr Press, 1993)

（訳注　以下も参照）
David T. Sobel, *Beyond Ecophobia: Reclaiming the Heart in Nature Education* (The Orion Society, 1996)
［『足もとの自然からはじめよう　子どもを自然嫌いにしたくない親と教師のために』岸由二訳、日経 BP 社］

＊ 27（第 16 章）
2004 年に実施された全種類リストアップ計画のおりに、グレートスモーキー国立公園において発見された新種の生物： 以下にリストがある。
ATBI Quarterly, Summer 2004, p. 3

＊ 28（第 16 章）
David Wagner がとりまとめた、グレートスモーキー国立公園の鱗翅目リスト：
"Results of the Smokies 2004 Lepidoptera Blitz," *ATBI Quarterly,* Summer 2004, pp. 6-7

＊ 29（第 16 章）
分類研究の加速と全生物の統一的な電子百科事典創出の見通しについて：
Edward O. Wilson, "On the Future of Conservation Biology," *Conservation Biology* 14 (2000): 1-3
Edward O. Wilson, "The Encyclopedia of Life," *Trends in Ecology & Evolution* 18 (2003): 77-80

＊ 30（第 16 章）
第一回生物多様性の日に関する説明： 私の以下の著書から引用した。
The Future of Life (New York: Alfred A. Knopf, 2002)
［『生命の未来』山下篤子訳、角川書店］

生物多様性の日は、現在は《生きもの電撃作戦》と呼ばれるのが普通になった。これまでに《生きもの電撃作戦》を実施したことのある州のリストは Peter Alden が提供してくれた。2005 年の段階でこれを実施している他の州のリストは、Ines Possemeyer が提供してくれた。いずれも私信である。

＊ 31（第 16 章）
ニューヨーク・セントラルパークにおける生きもの電撃作戦：
Richard C. Wiese and Jeff Stolzer, "Exploring New York's 'Backyard,' " *Explorers Journal,* Summer 2003, pp. 10-13

＊ 32（第 16 章）
ドミニカ共和国における蝶類の発見：
Brian D. Farrell, "From Agronomics to International Relations," *Revista* (Harvard Review of Latin America Studies), Fall 2004/ Winter 2005, pp. 7-9

＊19（第10章）

34のホットスポット： 以下に分析がある。

Russell A. Mittermeier et al., *Hotspots Revisited: Earth's Biologically Richest and Most Endangered Terrestrial Ecosystems* (Mexico City: Cimex, 2005)

＊20（第10章）

海洋保護に関する科学と実践： 公海をテーマとした複数の著者の見解が以下にまとめられている。

Linda K. Glover and Sylvia A. Earle, eds., *Defying Ocean's End: An Agenda for Action* (Washington, D.C.: Island Press, 2004)

＊21（第10章）

地球規模で必要とされている海洋保全区域の規模ならびに保全に必要なコストについて： 以下を参照。

Andrew Balmford et al., "The Worldwide Costs of Marine Protected Areas," *Proceedings of the National Academy of Sciences, USA* 101 (2004): 9694-97

また、関連の論議については以下、

Henry Nicholls, "Marine Conservation: Sink or Swim," *Nature* 432 (2004): 12-14

＊22（第12章）

DNAの構造：

James D. Watson and Francis H. C. Crick, "A Structure for Deoxyribose Nucleic Acid," *Nature* 171 (1953): 737

＊23（第13章）

生命の百科事典計画に関する本書での記載は、以下の私の論文の内容を改変した。

"The Encyclopedia of Life," *Trends in Ecology & Evolution* 18 (2003): 77-80

＊24（第15章）

ナチュラリストはいかに育つか： 私の意見の大半は私自身と、記憶の中にある親しい友人たちの体験に基づいている。

Edward O. Wilson, *Naturalist* (Washington, D.C.: Island Press, 1994)
［『ナチュラリスト』荒木正純訳、法政大学出版局］

しかし、同じような感想をさらに詳細に記す著者もいる。たとえば以下の書を参照。

Richard Louv, *Last Child in the Woods: Saving Our Children from Nature-Deficit Disorder* (Chapel Hill, N.C.: Algonquin Books of Chapel Hill, 2005)
［『あなたの子どもには自然が足りない』春日井晶子訳、早川書房］

＊25（第15章）

ナチュラリスト的な知性をどう定義するか： 以下に示されている。

Howard Gardner, *Intelligence Reframed: Multiple Intelligences for the 21st Century* (New York: Basic Books, 1999), pp. 49-50
［『MI：個性を生かす多重知能の理論』松村暢隆訳、新曜社］

＊12（第 8 章）

世界各地におけるサンゴ礁の崩壊：以下に資料がある。

D. R. Bellwood, T. P. Hughes, C. Folke, and M. Nyström, “Confronting the Coral Reef Crisis,” *Nature* 429: (2004) 827-33

＊13（第 8 章）

両生類の減少：詳細は以下を参照。

Simon N. Stuart et al., “Status and Trends of Amphibian Declines and Extinctions Worldwide,” *Science* 306 (2004): 1783-86

ハイチのカエル類については、James Hanken 氏から、最近まとめられたばかりのデータを提供していただいた。感謝する。

＊14（第 9 章）

ハシジロキツツキの発見と 1980 年以降に絶滅したアメリカの鳥類のリスト：以下に報告がある。

David S. Wilcove, “Rediscovery of the Ivory-billed Woodpecker,” *Science* 308 (2005): 1422-23

＊15（第 10 章）

人類の現状をビン首（bottleneck）にたとえる：以下の著書で詳しく論じた。

Consilience: The Unity of Knowledge (New York: Alfred A. Knopf, 1998)
［『知の挑戦　科学的知性と文化的知性の統合』山下篤子訳、角川書店］

The Future of Life (New York: Alfred A. Knopf, 2002)
［『生命の未来』山下篤子訳、角川書店］

＊16（第 10 章）

生物多様性条約の調印国ならびに絶滅を回避するための諸目標について：以下に引用されている。

Thomas Brooks and Elizabeth Kennedy, “Conservation Biology: Biodiversity Barometers,” *Nature* 431 (2004): 1046-48

＊17（第 10 章）

本来の自然の保全にかかわる規定のある世界の憲法の事例について：以下にまとめられている。

David W. Orr, “Law of the Land,” *Orion,* January/ February 2004, pp. 18-25

＊18（第 10 章）

温暖化の効果だけで次の半世紀にどれだけの種が失われるか：以下の論文からの引用。

Chris T. Thomas et al., “Extinction Risk from Climate Change,” *Nature* 427 (2004): 145-48

次のコメントも参照。

J. Alan Pounds and Robert Puschendorf, “Ecology: Clouded Futures,” ibid., 107-9

＊5（第7章）
1800年代半ばにおける自然（本来の自然）評価について： 以下を参照。
George Catlin, *Letters and Notes on the Manners, Customs, and Condition of the North American Indians,* vol.1 (London, 1841), pp. 260-64

＊6（第7章）
バイオフィリアは、ますます多くの文献で取り上げられている： 以下を参照。

Edward O. Wilson, *Biophilia* (Cambridge: Harvard University Press, 1984)
［『バイオフィリア　人間と生物の絆』狩野秀之訳、ちくま学芸文庫］

Stephen R. Kellert and Edward O. Wilson, eds., *The Biophilia Hypothesis* (Washington, D.C.: Island Press/ Shearwater Books, 1993)
［『バイオフィーリアをめぐって』荒木正純・時実早苗・朝倉正憲訳、法政大学出版局］

Stephen R. Kellert, *Kinship to Mastery: Biophilia in Human Evolution and Development* (Washington, D.C.: Island Press, 1997)

＊7（第7章）
新しい学問分野である環境心理学と保全心理学については、以下で説明されている。
Carol D. Saunders, "The Emerging Field of Conservation Psychology," *Human Ecology Review* 10 (2003): 137-49

＊8（第7章）
ヒトにおける、すみ場所をめぐる好みの原理は、Jerome H. Barkow, Leda Cosmides, and John Tooby, eds., *The Adapted Mind: Evolutionary Psychology and the Generation of Culture* (New York: Oxford University Press, 1992) に収録された、George H. Orians and Judith H. Heerwagen の論文、"Evolved Responses to Landscapes" で展開されたものである。

＊9（第7章）
自然的な状況が精神的な健康におよぼす重要性について： 以下のレビューをみよ。
Howard Frumkin, "Beyond Toxicity: Human Health and the Natural Environment," *American Journal of Preventive Medicine* 20 (2001): 234-40

＊10（第8章）
絶滅の過程に関する一般的な説明： 私の以下の著書を参照してほしい。

The Diversity of Life (Cambridge: Harvard University Press, 1992)
［『生命の多様性』大貫昌子・牧野俊一訳、岩波現代文庫］

The Future of Life (New York: Alfred A. Knopf, 2002)
［『生命の未来』山下篤子訳、角川書店］

＊11（第8章）
陸域、淡水域、海洋生態系の崩壊： 以下に資料がある。
Jonathan Loh and Mathias Wackernagel, eds., *Living Planet Report 2004* (Gland, Switzerland: WWF-Worldwide Fund for Nature, 2004)

＊1（第3章）
Nature（本書では〈本来の自然〉等と訳した）ならびに wilderness（本書では〈野生の自然領域〉と訳した）の概念、とくに文化的構築としてのそれに関して： 以下の書に多くの研究者の様々な視点からの検討がまとめられている。
William Cronon, ed., *Uncommon Ground: Toward Reinventing Nature* (New York: W. W. Norton, 1995)

アメリカ文化史との関連については特に以下の書で取り扱われている。
Roderick Nash, *Wilderness and the American Mind,* 4th ed. (New Haven: Yale University Press, 2001)

科学的な証拠にもとづく、"wilderness〈野生の自然領域〉"の概念については、以下にまとめられている。
Edward O. Wilson, *The Future of Life* (New York: Alfred A. Knopf, 2002)
[『生命の未来』山下篤子訳、角川書店]

構築主義のアプローチには様々な批判がある。最新のものとして以下を紹介しておく。
Eileen Crist, "Against the Social Construction of Nature and Wilderness," *Environmental Ethics* 26 (2004): 5-24

＊2（第3章）
Boston Harbor Islands について： 以下を参照。
Charles T. Roman, Bruce Jacobson, and Jack Wiggin, "Boston Harbor Islands National Park Area: Natural Resources Overview," special issue 3, *Northeastern Naturalist* 12 (2005): 3-12

＊3（第4章）
野生の自然の価値について： 専門的なもの、一般的なものを含めて多数の文献がある。私自身も以下の3部作で鍵となる重要な諸問題について触れている。

The Diversity of Life (Cambridge: Harvard University Press, 1992)
[『生命の多様性』大貫昌子・牧野俊一訳、岩波現代文庫]

Consilience: The Unity of Knowledge (New York: Alfred A. Knopf, 1998)
[『知の挑戦　科学的知性と文化的知性の統合』山下篤子訳、角川書店]

The Future of Life (New York: Alfred A. Knopf, 2002)
[『生命の未来』山下篤子訳、角川書店]

＊4（第5章）
バルトロメ・デ・ラス・カサス（Fray Bartolomé de Las Casas）の英訳書については以下の文献がある。
Sandra Ferdman, *The Oxford Book of Latin American Short Stories,* ed. Roberto González Echevarría (New York: Oxford University Press, 1997)

著者

エドワード・O.ウィルソン

1929年生まれ。ハーバード大学教授を50年近く務める。蟻を専門とする昆虫学の大家で20冊以上の著書を出版。社会生物学の提唱者としても広く知られ、代表作には、『社会生物学』（新思索社）、『人間の本性について』（ちくま学芸文庫）、『生命の多様性』（岩波現代文庫）、『蟻』などがある。『人間の本性について』と『蟻』で、二度にわたりピューリッツァー賞を受賞。米国科学メダル、王立スウェーデン科学アカデミーよりクラフォード賞（ノーベル賞の対象でない分野に対して贈られる賞）、日本国際生物学賞、アメリカ哲学協会からフランクリン・メダルを受ける。1980年代末にはじまった、生物多様性保全論義の世界的潮流を鼓舞しつづける旗手でもある。

訳者

岸 由二

きし・ゆうじ

1947年生まれ。慶應義塾大学経済学部教授。生態学、流域思考の都市再生論を専門とする。ナチュラリスト、市民活動家として、小網代、鶴見川流域、多摩三浦丘陵をフィールドに、流域思考の自然保全・都市再生を推進している。著書に『自然へのまなざし ——ナチュラリストたちの大地』（紀伊國屋書店）、『リバーネーム』（リトル・モア）、共著に『環境を知るとはどういうことか ——流域思考のすすめ』（PHPサイエンス・ワールド新書）、編著に『流域圏プランニングの時代 ——自然共生型流域圏・都市の再生』（技報堂出版）。訳書にドーキンス『利己的な遺伝子』（共訳・紀伊國屋書店）、ウィルソン『人間の本性について』（ちくま学芸文庫）、フツイマ『進化生態学』（蒼樹書房）、ソベル『足もとの自然からはじめよう』（日経BP社）等がある。

創造
生物多様性を守るためのアピール

2010年4月22日　第1刷発行

著者
エドワード・O.ウィルソン
訳者
岸 由二

発行所
株式会社紀伊國屋書店
東京都新宿区新宿3-17-7

出版部（編集）電話　03-6910-0508
ホールセール部（営業）電話　03-6910-0519
東京都目黒区下目黒3-7-10
郵便番号153-8504

装幀
芦澤泰偉＋児崎雅淑

印刷・製本
図書印刷

ISBN978-4-314-01064-1 C0045 Printed in Japan

定価は外装に表示してあります